悩みが消える
「勇気」の心理学 アドラー超入門

让烦恼消失

图解阿德勒勇气心理学入门

[日]永藤薰 著 [日]岩井俊宪 审定

陈琳珊 译

机械工业出版社
CHINA MACHINE PRESS

悩みが消える「勇気」の心理学 アドラー超入門
NAYAMI GA KIERU "YUKI" NO SHINRIGAKU ADLER CHOUNYUMON
Copyright © 2018 by Kaoru Nagato, Toshinori Iwai
Illustrations © 2018 by Azusa Inobe, JunSatou (ASLAN Editorial Studio)
Cartoons © 2018 by YokoYouko
Original Japanese edition published by Discover 21, Inc., Tokyo, Japan
Simplified Chinese edition published by arrangement with Discover 21, Inc. through Rinch International Co., LIMITED

北京市版权局著作权合同登记　图字：01-2021-7614。

图书在版编目（CIP）数据

让烦恼消失：图解阿德勒勇气心理学入门/（日）永藤薰著；陈琳珊译. — 北京：机械工业出版社，2022.12
ISBN 978-7-111-72033-1

Ⅰ.①让… Ⅱ.①永…②陈… Ⅲ.①心理学-通俗读物 Ⅳ.①B84-49

中国版本图书馆CIP数据核字（2022）第215863号

机械工业出版社（北京市百万庄大街22号　邮政编码100037）
策划编辑：仇俊霞　　　　　　　责任编辑：仇俊霞
责任校对：龚思文　王　延　　　责任印制：李　昂
北京联兴盛业印刷股份有限公司印刷
2023年1月第1版第1次印刷
127mm×184mm・7印张・99千字
标准书号：ISBN 978-7-111-72033-1
定价：59.80元

电话服务	网络服务
客服电话：010-88361066	机　工　官　网：www.cmpbook.com
010-88379833	机　工　官　博：weibo.com/cmp1952
010-68326294	金　书　网：www.golden-book.com
封底无防伪标均为盗版	机工教育服务网：www.cmpedu.com

前 言

谨以此文献给每个渴望改变自身、
主动追求幸福的你

你是否也曾因人际关系而苦恼？常常问自己：为何我在职场上无法融入团体？为何我结交不到可以交心的朋友？为何我在与他人相处时无法收获发自内心的快乐？等等。

过去，我也曾因上述问题而烦恼。生活过分忙碌，曾经认为十分有意义的工作让我筋疲力尽；人际关系也随之变得复杂，逐渐与上级和同事对立，陷入每天焦躁不安、郁郁寡欢的恶性循环之中。

我开始反省自己为何会变成如今的模样，为何会感觉一切事物都变得棘手，甚至想抛开一切。

正是阿德勒心理学将我从黑暗中解救了出来。偶然的一次机会，我发现房间的书架上放着一本《阿德勒心理学》，这本书是几年前，前公司举办研讨会时分发的。在翻阅的过程中，我感觉自己心中的郁结得以疏通，思考问题的方式也逐渐发生改变。

以此为契机，我开始接触在东京神乐坂举办的阿德勒心理学基础课程。在学习基础课程的过程中，我结识了日本阿德勒心理学研究第一人——岩井俊宪老师，之后他成为我的恩师。

在学习阿德勒心理学的过程中，我发现：情绪是可以被控制的，我们可以决定自己的行为，人类所有的烦恼都来自于人际关系，我们觉得自己被人厌弃往往只是自己固执的想法，等等。我所学到的知识撼动了我固有的价值观，给我带来了欣喜的变化。

随着对阿德勒心理学理解的加深，我逐渐发觉自己已被现实挫败了勇气。但随着在现实生活中将阿德勒心理学理论知识付诸实践，我发觉自己渐渐恢复了应对挫折的勇气。

如此一来，我逐渐恢复了精气神，重新拥有了面对人生的勇气。在感受到阿德勒心理学的影响之后，我逐渐萌发了将阿德勒心理学传播出去，主动帮助那些深陷泥潭的人的想法。因此，我成了一名专业的心理咨询师。

前 言

　　本书是我与恩师岩井俊宪的合力之作，也是我们取众著作之精华，为初次涉猎阿德勒心理学的读者而整理的著作。本书简明易懂，以文字结合图画的形式呈现，可以说，**本书是将阿德勒心理学诠释得最为完整的著作。**本书展示了阿德勒心理学的精华之处，我深信，这也是一本足以改变你们的人生，引领你们走上康庄大道的著作。

　　希望各位读者能够在将阿德勒心理学付诸实践的过程中，迈向幸福的人生之路。

　　让我们共同迈出追求人生幸福的第一步吧。

Human Guild　永藤薰

何谓能让人改变的阿德勒心理学?

目 录

前　言　　　　　　　　　　　　　　003
何谓能让人改变的阿德勒心理学？　　006

第一章　解决烦恼，共同迈向幸福人生

通过阿德勒心理学解决烦恼　　　　　　　　　　/ 016

01 人生课题　常见的五大人生课题　　　　　　/ 020

02 生活方式①　改变自我，努力成为更好的自己　/ 024

03 生活方式②　生活方式的成型　　　　　　　/ 028

04 自卑感和自卑情结　正视自卑感，实现成长与超越　/ 032

05 激发勇气与共同体感觉之间的关系
　　　探究阿德勒心理学的主要内容　　　　　　/ 036

专栏1　何谓现代阿德勒心理学？　　　　　　　/ 040

阿德勒心理学　练习 ❶　　　　　　　　　　　/ 042

目 录

第二章 鼓起勇气,努力向前

阿德勒心理学的核心是勇气 / 046

01 缺乏勇气的行为 缺乏勇气是个体不顺利的主要原因 / 050

02 不恰当的行为 不恰当的行为有四大目的 / 054

03 勇气和冲动之间的差异 不勉强、不冲动 / 058

04 何谓勇气 明确认识勇气的内在含义,掌握阿德勒思维方式 / 062

05 勇气的前提条件 赋予他人勇气有助于改善人际关系 / 066

06 褒奖与赋予勇气之间的差异 自上而下的是"褒奖",与他人共情的是"赋予勇气" / 070

专栏2 比起实验数据,阿德勒心理学更注重实际研究 / 074

阿德勒心理学 练习 ❷ / 076

第三章 熟知阿德勒心理学五大基础理论，实践赋予他人勇气的方法

阿德勒心理学的五大基础理论　　　　　　　　　　　　/ 080

01 自我决定性　每个人都是自己命运的主人公，
可以自己决定自己的人生　　　　　　　　　　　　/ 084

02 目的论　个体可以改变未来　　　　　　　　　　/ 088

03 整体论　无须为内心的脆弱而担忧　　　　　　　/ 092

04 认知论　改变看法，享受幸福快乐的人生　　　　/ 096

05 人际关系论　人类在相互影响中共同生存　　　　/ 100

专栏 3　阿德勒心理学不存在心理创伤？　　　　　　 / 104

阿德勒心理学　练习 ❸　　　　　　　　　　　　　　/ 106

第四章 灵活使用赋予他人勇气的技巧

通过赋予他人勇气，有效改善人际关系　　　　　　　/ 110

01 赞美与指正　缺点再多的人也有可取之处　　　　/ 114

02 感谢的回旋效应　感谢将带来良好的回旋效果　　/ 118

03 过程与结果之间的矛盾　切勿过分在意结果　　　/ 122

04 对待失败的态度　个体看待失败的态度，将改变
个体的未来　　　　　　　　　　　　　　　　　　/ 126

目 录

05 课题分离　切勿干涉他人的课题，专注于自身的
课题　　　　　　　　　　　　　　　　　　　／130

06 以"我"为主语的句式　提醒他人时使用以"我"为
主语的句式　　　　　　　　　　　　　　　／134

07 夸张表达和限制表达　夸大肯定，减少否定　　／138

专栏 4　阿德勒是弗洛伊德的弟子吗？　　　　　　／142

阿德勒心理学　练习 ❹　　　　　　　　　　　　／144

Chapter 5　第五章　追求共同体感觉的终极目标，收获幸福人生

所有的个体均归属于某个共同体　　　　　　　　　／148

01 共同体　共同体感觉是衡量个体精神健康程度的
标准　　　　　　　　　　　　　　　　　　　／152

02 共同体感觉　通过贡献感充实人生　　　　　　／156

03 人际关系　良好人际关系的六大特征　　　　　／160

04 精神健康　时刻保持幸福的个体重视的六大要点　／164

05 理想　与其哀叹无力，不如追求理想　　　　　／168

专栏 5　宠物和外星人是否也拥有共同体感觉？　　／172

阿德勒心理学　练习 ❺　　　　　　　　　　　　／174

Chapter 6 第六章 将阿德勒心理学运用于日常生活中

将阿德勒心理学运用于日常生活中		/178
01 愤怒是二级情绪	学会与愤怒及焦躁和平相处	/182
02 认知重建	对自身感到失望时的应对方式	/186
03 他人与自己	因网络社交而烦恼时的应对方式	/190
04 共感和同情之间的区别	因交谈造成感情破裂而烦恼时的应对方式	/194
05 尊重	出现"不投缘"个体时的应对方式	/198
06 情感课题	因恋爱无能而烦恼时的应对方式	/202
07 乐观主义	因"职场抱怨"而烦恼时的应对方式	/206
08 自然结果和逻辑结果	因不自觉过度管教孩子而烦恼时的应对方式	/210
专栏 6 阿德勒并非博士?		/214
阿德勒心理学 练习 ❻		/216

结 语 /219

第一章 01

解决烦恼，共同迈向幸福人生

窥探烦恼的根源所在，
迈出追求幸福人生的第一步

通过阿德勒心理学解决烦恼

▶ 人类所有的烦恼均来自于人际关系

每个人都有自己的烦恼。比如：由于不擅长处理职场中的人际关系，对上班产生了抗拒心理；总感觉自己游离在朋友圈之外；害怕被厌恶，所以无法畅快地表达内心所想；等等。当然，也有人会同时有多个烦恼。

阿德勒心理学认为，人类所有的烦恼均来自于人际关系。比如，很多人认为受减肥困扰的人往往是为了自身着想，但其实他们想减肥是因为无法接受自己比别人胖的心理在作祟。再如，蛰居一族因无法脱离现状而烦恼，除了自身的无力感之外，想吸引他人注意力的心理也是让他们烦恼的原因。

也就是说，通常我们的烦恼一定与他人有关。阿德勒心理学认为，一旦我们改善与他人的关系，必定能解决烦恼，

第一章　解决烦恼，共同迈向幸福人生

人类所有的烦恼均来自于人际关系

不想去上班	游离于团体之外

↓	↓
公司有自己不想相处的人	不擅长与他人来往

无法做好育儿工作	无法摆脱想蛰居的现状
	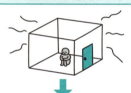
↓	↓
对亲子关系没有信心	想让大家关注到自己的无力感

想减肥瘦身	无法无拘无束地表达心中所想
	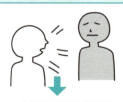
↓	↓
厌恶比别人丑陋的自己	害怕被别人厌恶

也能变得更加幸福。

▶ 重新审视自身,解决烦恼

人际关系往往受以下四个因素影响,无论哪个因素发生变化,在这个因素的影响下,人际关系都会自然而然发生变化。

❶ 自身,对自我的认知和行为方式
❷ 他人,对他人的认知和行为方式
❸ 关系,恋人关系、上下级关系
❹ 环境,职场环境和居住环境

改变对他人的看法是极难的,始终维持关系正常运转更是难上加难。另外,我们也无法要求环境变得理想,改变人际关系最有效的方式便是改变自身。首先,我们要重新审视自身,接下来我将为你介绍几个快速改善人际关系的诀窍。

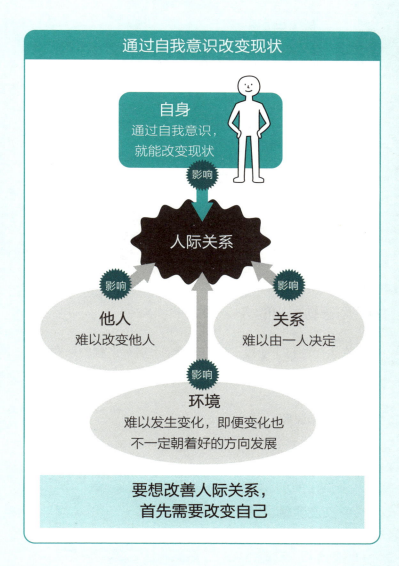

01 | 人生课题
常见的五大人生课题

重点 ❶ 个体必须面对的五大人生课题指的是什么

重点 ❷ 时刻审视人生的充实程度,并将之视为人生目标

▶ 阿德勒提出的 3+2 课题

在人生的每个阶段,我们都会遇到各种各样的问题,阿德勒心理学将其称为人生课题,并将这些问题归纳为三大类。

❶ 工作课题

社会赋予我们工作,除了有报酬的工作,还包括家庭主妇的育儿和家务、学生的学习和孩子的游戏与玩乐等。

❷ 交友课题

使自身与周围人的关系朝着良好的方向发展,包括与朋

友、同事等身边人的相处。

❸ 情感课题

夫妻、亲子等家庭关系和恋人关系,越是情深意浓,越容易出现关系破裂、无法修复的情况。

在以上三个课题之外,现代阿德勒心理学还追加了两个课题。

❹ 自我课题

指的是自我相处与自我接受,也包括个体健康、兴趣爱好、自我放松等。

❺ 精神课题

指的是与超越自身之外的精神世界和平相处,包括大自然、宇宙、意念和宗教仪式等。

▶ 将五大课题作为生存指标进行衡量

如若将自身对上述人生五大课题的满意度划分为十个档次,你会给每个课题打几分呢?不以花费时间的多少,而是以精神上的满足作为衡量标准。

将五大人生课题作为生存指标进行衡量，通过打分的方式客观地判断，哪个课题对我们来说是重要的，我们又对哪个课题感到不满意。

比如，我们对于工作内容本身是感兴趣的，但是常态化加班使我们每天身心俱疲、痛苦不堪，那么我们对工作课题就无法给出高评价。反过来说，即便别人认为你身边没有朋友，但是只要自己对周围的人际关系氛围感到满意，就会给交友这个课题打出高分。

对于各个课题，我们没有必要要求它们整体达到均衡状态。也就是说，我们没有必要在对自己不那么重要的课题上花费太多功夫，我们可以按照自己的标准，来制定对待每个课题的方式。

我们需要定期重新审视各个课题，在人生每个阶段，我们都必须集中精力判断当下最需要解决的课题是什么，这样我们才有可能不断提升自身对人生的满意度。

> 在人生每个阶段，我们都必须集中精力判断当下最需要解决的课题是什么，这样我们才有可能不断提升自身对人生的满意度。

第一章 解决烦恼,共同迈向幸福人生

人生五大课题

阿德勒人生 三大课题

❶ 工作课题

不仅包括赚钱的工作,也包括学生的学业、家庭主妇的家务和育儿工作

❷ 交友课题

如何处理好与朋友之间的关系

❸ 情感课题

包括情侣、夫妇、亲子等亲密的连带关系

现代阿德勒心理学新增的两大课题

❹ 自我课题

自处能力,包括自身的健康、兴趣爱好等

❺ 精神课题

与超越自身之外的精神世界和平相处,包括大自然、宇宙、意念等

02 | 生活方式①
改变自我，努力成为更好的自己

重点 ❶ 改变自我，无论何时都为时不晚

重点 ❷ 制定恰当的人生目标

▶ 改变自我，为时不晚

英国心理学家锡德尼曾向恩师阿德勒提出一个问题："到几岁改变自己，才为时已晚？"阿德勒的回答是："死前一两天。"至今，这段对话在心理学界仍然十分有代表性。

阿德勒心理学认为，无论何时，人类都可以改变自己，也就是说，人类的性格是可以改变的。

说到性格，也许很多人会认为难以改变，那此处我就使用生活方式这个词来代替。很多人可能对改变性格这件事心

存疑虑，但却认同思考方式、情感表达方式和行为方式等是可以通过自身的努力来改变的。

若一个人坚信这些无法改变，那么他往往不会付诸行动。但是，若一个人认为这些可以通过自身的努力加以干预，那么他就会采取行动。

▶ 何谓生活方式三大要素

所谓生活方式，指的是自身对现实世界以及理想世界的信念体系。因此，我把生活方式的组成要素分为以下三个部分：

❶ **自我概念**
❷ **世界观**
❸ **自我理想**

❶ 自我概念指的是自我认知，即自己是怎样的个体。如果爱迪生认为自己是失败的个体，时常将颓丧的心情带到工作中，他就无法坚持反复实验。正是因为爱迪生认为自己是不会轻易被打败的个体，才能在实验中屡败屡战，最终获得

成功。那些认为自己极易失败的人，会觉得失败才是常态，那就不可能会成功。

❷ 世界观指的是个体对世界、对人类、对不同性别的群体、对身边人以及对人世间各种事物的看法。比如，有人认为"男性是卑劣的""身边人都不值得信任""家是温暖的"等，这些个体对世界各种事物的看法就是世界观。

❸ 自我理想指的是个体对于自我概念和世界观的看法。

要想改变一个人的生活方式，需要参照自我理想，针对自我概念和世界观设定恰当的目标。

个体可以通过自我意志，改变生活方式。

第一章 解决烦恼，共同迈向幸福人生

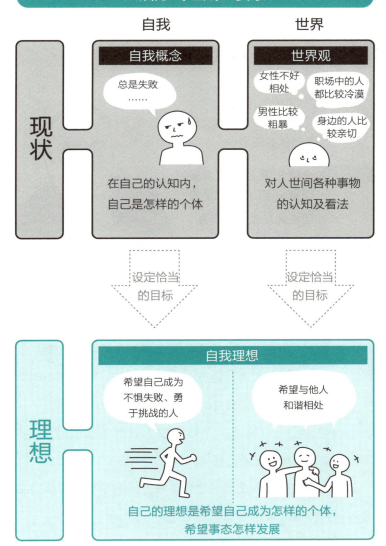

03 | 生活方式②
生活方式的成型

重点 ❶ 个体生活方式一般在 8~10 岁成型

重点 ❷ 个体生活方式受众多因素所影响，但是决定性因素是个体本身

▶ 影响生活方式的三大要素

正如上文所述，个体自身的意念越强，越容易改变其生活方式，当然，如若不想改变也可以不改变。阿德勒心理学认为，只要我们想改变自身的生活方式，就能成功改变。

阿德勒心理学认为，个体生活方式的基础成型于4~5岁，但是，现代阿德勒心理学则认为是8~10岁。

那么，哪些因素会影响个体生活方式的形成呢？阿德勒心理学将影响因素分为以下三大类：

❶ 身体特征的影响

最具代表性的就是,内在人格特质的遗传和个体的器官特征(比如,身材矮小或体质差)等因素都将对个体生活方式的形成产生影响。

❷ 自卑心理的影响

自卑心理也会影响个体生活方式的形成,这部分内容将在后续详细说明。

❸ 环境的影响

这里的环境,指的是个体家庭环境和文化环境。

家庭环境不是家庭人口数或家庭各代人的简单相加,而是包括家庭结构、家庭氛围、父母的处事风格等在内的,与家庭相关的所有事物的有机组合。

在家庭环境因素中,阿德勒心理学最重视的就是个体与兄弟姐妹之间的关系。个体的出生顺序、家庭兄弟姐妹的数量都会对个体生活方式的形成带来影响。

文化具有国民性、地域性的特征,个体生活方式会受所处区域共同体的固有特征的影响。

▶ 做出建设性的决定

虽然以上因素都会对个体生活方式的形成产生影响,但是阿德勒心理学认为,生活方式的形成最终还是由个体自身决定。

部分心理学理论认为,单亲家庭及先天身体缺陷等情况会对个体生活方式的形成产生不良影响。然而,阿德勒心理学认为,虽然外在因素会影响个体生活方式的形成,但外在因素都不是决定性因素,最终的决定性因素还是个体本身。即个体如何看待自己的身体状况,如何感知自己所处的环境等。即便两个拥有相同经历的个体,对自身经历的感受也不尽相同,而这些感受完全取决于自己。因此,我们需要做出具有建设性的、积极的决定。

即便两个拥有相同经历的个体,对自身经历的感受也不尽相同,我们需要做出具有建设性的、积极的决定。

第一章 解决烦恼,共同迈向幸福人生

个体生活方式的形成

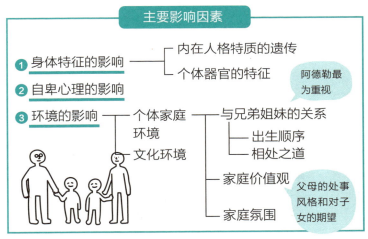

主要影响因素

1. 身体特征的影响 —— 内在人格特质的遗传 / 个体器官的特征
2. 自卑心理的影响（阿德勒最为重视）
3. 环境的影响 —— 个体家庭环境、文化环境
   - 与兄弟姐妹的关系
     - 出生顺序
     - 相处之道
   - 家庭价值观
   - 家庭氛围（父母的处事风格和对子女的期望）

影响

**影响因素
非决定性因素**

个体生活方式

决定

**个体自身
可以决定自己的
生活方式**

04 | 自卑感和自卑情结
正视自卑感，实现成长与超越

重点 ① 自卑感有积极的一面与消极的一面

重点 ② 探讨阿德勒心理学所提出的三种自卑感

▶ 个体的自卑感可分为三种

每个个体都多多少少有自卑感，只是因人而异、程度不同。部分个体会因为同事的升迁而感到自卑，部分个体会因自己成绩不佳而感到自卑，基本上没有人不曾有过自卑感。

提到自卑感，也许很多人会认为是消极的，然而阿德勒心理学却认为，正视自卑感也许会成为实现自我成长与自我超越的契机。

反之，若一直深陷自卑的泥潭无法自拔，往往容易在关键时刻临阵脱逃，认为自己无法做到。个体如何看待自卑感，往往会产生不同的效果。

接下来，将重点阐述阿德勒心理学提出的三种自卑感。

❶ 身体形态缺陷

指的是客观上的身体特征，比如身体上的残缺、身高条件、疾病等，阿德勒心理学将身体形态上的劣势统称为器官缺陷。

❷ 自卑感

个体心里感到自卑，理想目标与现实之间的差距是个体产生自卑感的原因。比如，部分个体即便自身已经具备了平均能力以上的水平，一旦自身感到逊色于他人，也会产生自卑感。

❸ 自卑情结

一旦个体开始显现出自身的自卑情结，往往就会开始逃避自身的问题。阿德勒心理学认为，过度的自卑情结都是病态的。

除了自卑情结之外，还有优越情结。部分个体会因为自己过去的成就和身边人的成就而感到沾沾自喜，最终也可能因为过度的优越情结而产生自卑情结。

▶ 人类的发展得益于自卑感这一原动力

部分自卑感是现实存在的，而部分自卑感是心理原因造成的，若我们能做到灵活地区分两种自卑感，就能实现自我成长。因此，我们没有必要一味地否定器官缺陷和自卑感。

原本，人类努力的目的就是为了缩小理想目标与现实之间的差距，人类文明之所以得到不断发展，正是因为人类在身体条件上不如其他动物。而自卑情结往往会让个体逃避自身存在的问题，因此断不可取。

当我们产生自卑心理时，不要深陷其中，而要引导自卑感往积极的方向发展。

产生自卑感是正常的，自卑感会成为个人成长和超越的原动力。

第一章 解决烦恼，共同迈向幸福人生

自卑感和自卑情结

产生自卑感是正常的

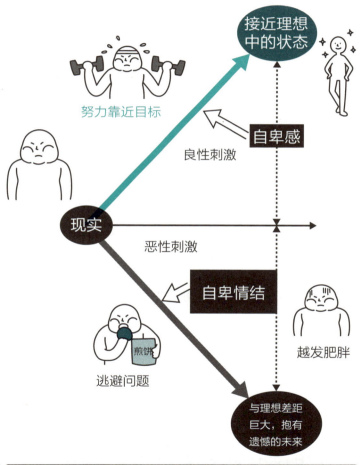

自卑情结不是健康的情绪

05 | 激发勇气与共同体感觉之间的关系
探究阿德勒心理学的主要内容

重点 ❶ 勇气会给予个体克服困难的力量

重点 ❷ 人际关系的终极目标是培养共同体感觉

▶ 阿德勒心理学的核心是勇气

本书的第一章已经针对阿德勒心理学中认为必须解决的问题做了部分介绍，比如生活课题和生活方式等。在剖析以上问题的过程中，我们也获得了重新审视自我的机会。但是在这个过程中，将会产生新的课题，而针对这个课题，阿德勒心理学也给出了解决方案。首先，我将针对阿德勒心理学的主要内容进行简单的介绍。

阿德勒心理学中最为重要的理论之一便是勇气。关于勇气心理学的详细内容将在第二章进行介绍，这里先将勇气定义为克服困难的力量，激发勇气指的就是给予力量，勇气不是单纯的夸赞或者鼓励。

在践行勇气心理学的过程中，最为重要的便是阿德勒心理学中提出的五大理论，即：

❶ 自我决定性

人类拥有创造命运的能力，拥有今后人生走向的决定权。

❷ 目的论

人类所有的行为都具有目的性，与其纠结行为发生的原因，不如将重心放在未来的目标上。

❸ 整体论

人类是唯一一个内部组织不会相互对立的群体，每个个体都是这个群体不可分割、无法取代的一部分。

❹ 认知论

人类在看待事物时，往往以自己的主观意识为尺度，我们需要抛开主观意识重新看待事物。

❺ 人际关系论

人类所有的行为都与他人有关。

以上五大理论的具体内容将在第三章进行详细阐述。

▶ 终极目标是实现共同体感觉

阿德勒心理学的最终目标是实现共同体感觉,具体内容将在第五章进行阐述。这里的共同体感觉,指的是个体对家族、朋友、同事等群体的信任感和对共同体的贡献,也可以说是和同伴之间的羁绊和联结。阿德勒心理学认为,实现共同体感觉才是理想的状态,在实现共同体感觉的过程中,勇气尤为重要。也就是说,勇气和共同体感觉之间是缺一不可的存在。可以说,当我们真正达成个体与团体之间的共同体感觉,真正拥有克服困难的勇气,我们才能深刻理解阿德勒心理学的真谛,也才能将阿德勒心理学付诸实践。

> 若我们能拥有勇气共同达成共同体感觉,我们就能拥有幸福。

第一章 解决烦恼,共同迈向幸福人生

阿德勒心理学的主要内容

共同体感觉
个体对于家族、朋友及同事群体的信任和贡献,羁绊和联结的感觉

自我决定性	目的论	整体论	认知论	人际关系论
人类拥有创造命运的能力,拥有今后人生走向的决定权。	不要纠结于过去,要将重心放在未来的目标上。	人类群体中不存在矛盾,每个人都是这个群体无法替代的一部分。	人类在看待事物时,往往会受主观意识的影响。	人类所有的行为都与他人有关。

激发勇气
指的是给予自己或他人克服困难的力量。

何谓现代阿德勒心理学?

在本书第21页提到了"现代阿德勒心理学"的概念,也许有部分读者会对"现代"这个词产生疑问,认为阿德勒心理学的理论知识是之前就存在并存续至今的,不管是现代阿德勒心理学还是原来的阿德勒心理学之间并不会有太大差异。

但是,阿德勒心理学的内容并不完全取自于阿德勒的理论,它只是以阿德勒理论为基础,经过后人不断地研究与积累形成,并不断与时俱进的一门学问。

当然,阿德勒的理论是阿德勒心理学的基础,基于不同的时代背景,阿德勒的理论中也可能出现与现代社会实际情况不相符的地方。

我们所处的社会随着时代的发展而不断发生变化,自然,阿德勒心理学的内容也要与时俱进。

阿德勒并未留下著作

有部分读者也许希望阅读阿德勒本人的著作,但是令人意外的是,除了在发表演讲时留下的记录,阿德勒晚年并未将其言论整理成著作。

最早阿德勒著有《关于器官缺陷与心理弥补的相关研究》《个体心理学的理论与实践》(无日文译本)等著作,但是由于著作是由德语翻译成英语的,内容晦涩难懂,被迫放弃的人不计其数。

针对那些十分渴望阅读阿德勒原著的读者,我推荐可以阅读《关于人生意义的心理学研究(上·下)》(岸见一郎译)一书,相对通俗易懂,建议有兴趣的读者一试。

阿德勒心理学　练习❶

问题 1　阿德勒心理学里的苦恼来自于什么？

A 人际关系

B 金钱关系

问题 2　个体应如何对待人生课题？

A 花费精力在每个人生课题上

B 通过自己的标准制定人生课题的对待方式

答案：问题 1　A　问题 2　B　（第 16 页）（第 20 页）

第一章 解决烦恼，共同迈向幸福人生

问题 3 个体对于自我概念和世界上一切事物的看法称之为 ___？

A 自我概念

B 自我理想

问题 4 在生活方式中，阿德勒最为重视的家庭关系是 ___？

A 兄弟姐妹关系

B 亲子关系

答案

问题 3 B （第 24 页） 问题 4 A （第 28 页）

043

问题 5 如何应对自卑感?

A 努力缩小现实与理想的差距

B 表现出自卑心理,逃避自身的问题

问题 6 阿德勒心理学的核心是 ___?

A 勇气与共同体感觉

B 干劲和努力

答案
问题 5　A　（第 32 页）　问题 6　A　（第 36 页）

第二章 02

鼓起勇气，努力向前

个体一旦拥有勇气，
便拥有了自爱和爱他人的能力

阿德勒心理学的核心是勇气

▶ 勇气是阿德勒心理学的基础理论

阿德勒心理学,又称为勇气心理学,阿德勒心理学认为勇气是迈向幸福的第一步。阿德勒心理学中的勇气用一句话概括就是克服困难的力量,而并非冲动、冒失的行为(本书第58页)。

勇气对应的英语词汇"Courage"一词来源于拉丁文中的"Cor",也就是心脏的意思。心脏是维持身体活力的器官,因此要想拥有克服困难的力量,勇气必不可少。阿德勒的弟子鲁道夫·德瑞克斯在《让孩子鼓起干劲的教育技巧》(一光社)一书中提到,在我们面对各种各样的人生课题时,勇气是必不可少的。另外,鲁道夫·德瑞克斯还在书中提到,一个人若丧失勇气,那么他将得不到成长,

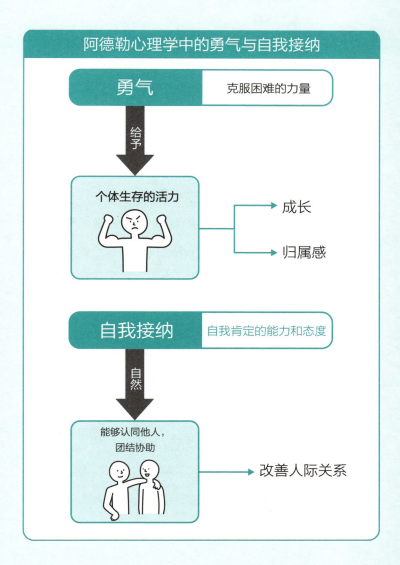

也无法获得团体归属感。个体缺乏勇气，表现为对生活持消极态度，持续性精神不振。

▶ 勇气可协助改善人际关系

德瑞克斯认为，勇气是自信的具体表现，只有对自身的能力具有绝对的自信，才能拥有勇气。

拥有勇气的人，也更会自我接纳。自我接纳是指个体对自我及其一切特征采取一种积极的态度，简言之就是能欣然接受现实自我的一种能力和态度。也可以说，自我接纳就是自尊心的养成，但绝不是骄傲自满。

个体对于自身所有的特征持客观接受的态度，不仅包括自己的长处和优势，还包括自己的缺点和弱势。富有勇气的人会有依据地接纳自己，除了认同自己之外，也会认同他人，追求自身和他人共同成长。这种态度有利于形成团结协作的正向循环，自然有利于改善人际关系。

勇气是个体获得生存力量必不可少的因素，本书第二章将针对勇气的含义进行详细介绍，引导读者深入了解勇气的具体内容。

富有勇气与缺乏勇气的个体之间的差异

富有勇气的人 （能够自我接纳的人）		缺乏勇气的人 （无法自我接纳的人）
能够自我帮助	帮助自身	无法自我帮助
相信自身的能力	自身的能力	认为自己没有优势
不惧冒险	冒险	对冒险持消极态度
独立性强	独立性	独立性缺失，易于依赖他人
客观看待自身的缺点和劣势	自身的缺点和劣势	将自身的缺点和劣势归咎于他人，或因此感到自责
能够控制自己的情感	自身的情感	无法控制自己的情感
将失败和挫折当作学习和成长的机会	失败与挫折	认为失败和挫折对自己是致命的打击
对未来持积极态度	未来	对未来持消极态度
认同自身与他人的不同之处	自身与他人的不同之处	惧怕自身与他人的差异，或拒不承认差异
能与他人团结协作	与他人的关系	逃避与他人竞争或者与他人相处

缺乏勇气的行为

01 缺乏勇气是个体不顺利的主要原因

重点 ❶ 缺乏勇气，容易导致个体做出不恰当的行为

重点 ❷ 紧要关头更需要正向思考的能力

▶ 不恰当的行为也是有目的的行为

个体实现幸福的最终努力目标是实现共同体感觉。当个体感受到自身对于团体的贡献，就能强化自身与周边个体之间的羁绊。本书第38页已提到，为了实现共同体感觉，我们需要迈出的第一步便是鼓起勇气。

反之，若一个人缺乏勇气，那么他极易做出不利于团体的行为，这种行为是破坏性的，不具有建设性意义。

人们往往会在某些特定情况下，针对某些个体做出带有

目的性的行为，根据情况和对象的不同，做出不同的行为。

比如，有一位少年由于和老师之间产生了分歧，便一味地在学校捣乱，无视校规校纪，嘲讽老师，严重的时候甚至做出暴力行为，妨碍课堂纪律。最终，这位学生被拒于校门之外。但是，这个孩子在学校之外却不是问题少年，他只在学校针对老师才会做出不恰当的行为。这种现象就是个体根据不同的情况和对象，做出不同行为。而个体之所以会产生这样的倾向，实际上就是因为缺乏勇气。

▶ 个体缺乏勇气的表现

接下来，我将针对缺乏勇气的个体特征做简要介绍。

❶ 恐惧动机

人类和动物不同，对于惩罚或危险状态会形成防卫、逃避的心理状态，这是个体做出不恰当行为的根源。

❷ 悲观主义

所谓悲观主义，指的是个体认为自身所有的行动都会以失败告终。虽然个体不一定要在所有时刻都保持乐观，但在紧要关头，个体需要拥有正向思考的能力。

❸ 过于在乎失败的原因

一味沉溺于过去失败的原因，无法向前。

❹ 无法做一个倾听者

无法做到与他人交谈，或站在倾听者的立场上为他人排忧解难，一味自说自话会挫败他人的勇气。

❺ 吹毛求疵

一味针对缺点或劣势吹毛求疵，容易丧失勇气。

❻ 挖苦讽刺

挖苦讽刺会使自己和他人丧失勇气。

为了避免自身或周围的人做出不恰当的行为，应立刻停止缺乏勇气的想法，学会正向思考。

个体缺乏勇气的表现

恐惧动机

悲观主义

过于在乎失败的原因

无法做一个倾听者

吹毛求疵

挖苦讽刺

02 | 不恰当的行为
不恰当的行为有四大目的

重点 ① 个体在缺乏勇气时,会做出不恰当的行为

重点 ② 个体做出不恰当的行为有四大目的

▶ 何谓不恰当的行为?

个体在缺乏勇气时,往往会做出不恰当的行为,那么究竟是哪些不恰当的行为呢?阿德勒心理学将不恰当的行为定义为:对共同体不利的、颇具破坏性的、毫无建设性意义的行为。比如,故意做出给同事或家庭成员添麻烦的行为。

▶ 不恰当行为有四大目的

阿德勒的弟子德瑞克斯将孩子做出不恰当行为的目的归纳为四个阶段,这四个阶段同样适用于成年人,每深入一个阶段,意味着越难恢复到正常状态。

❶ 为了引起他人的注意

第一个阶段是为了他人能注意到自己所做之事。他们认为只要自己做出扰乱课堂的行为(比如在课堂上喧哗、制造噪音等),就能让平时对自己视若无睹的父母和老师注意到自己。老师和父母需要从平时就深切关注孩子正确的行为,而不是关注孩子不恰当的行为。(本书114页将详细介绍)

❷ 权力斗争

为了成为上级领导,不想受他人支配,通过妨碍他人的发言、与他人争论等形式展现自己的能力。在这种情况下,个体虽然勇气不足,但还有表现的力量。在与他人相处时,不要一味地争高低,而要友好平等相处。

❸ 复仇心理

由于自己曾经被打败，因此为了报仇而恶意中伤他人；认为自己不受他人喜欢，只有伤害他人时才能体现自己的存在感；只有对方承认自己确实受到了伤害，自己的复仇才有效果。我们需要停止伤害他人，不要抱有复仇心理，注重修复与他人之间的关系。

❹ 无力感

一旦个体想独处，或者觉得自己一事无成时，就会感到无力，严重者甚至从此闭门不出。一旦出现这种情况，单凭个体本身已难以修复，需要咨询专家协助解决。

一旦出现不恰当行为，需要及时改正。

典型性不当行为和处理措施

目的	典型性行为	处理措施
引起他人注意	喧闹	关注个体的正确行为
权力斗争	恶性竞争	停止争吵
复仇心理	报复回击行为	停止复仇
无力感	轻言放弃	咨询专家

03 | 勇气和冲动之间的差异
不勉强、不冲动

重点 ❶ 冲动指的是鲁莽大胆、不考虑后果的行为

重点 ❷ 自以为是也是缺乏勇气的表现

▶ 冲动的行为并非勇气

首先再次重申,阿德勒心理学中的勇气指的是个体克服困难的力量。在日常生活中,我们极易犯认知上的错误,将勉强自我、冲动鲁莽的行为认定为富有勇气的行为,我们必须认识到,这种勇气和阿德勒心理学中的勇气具有本质上的差异。

比如,将自己仅剩的10万日元全部用于赛马赌博,这类行为不能称为阿德勒心理学上的勇气。将自己全部的资金用

于赌博是冲动鲁莽的行为，并非有勇气的行为。

冲动的行为指的是是非不分、不考虑后果、鲁莽大胆的行为。我们必须认清，这类行为和阿德勒心理学上的勇气是完全不同的。在未完全确认安全性的地方蹦极、不由分说滋事挑衅等行为都是冲动的表现，和阿德勒心理学上的勇气毫不相关。

比如，上文中提到的在赌博上挥霍金钱的行为，正是因为个体无法正视收入微薄的困难造成的。换言之，个体无法克服面临的困难，才会采取不恰当的行为。勇气指的是克服困难的力量，因此以上行为和勇气是完全不相关的。

我们无须担心自己没有冲动的勇气，不会做出激进的行为，这种勇气并不是阿德勒心理学上倡导的勇气。

▶ 自以为是与充满勇气之间的区别

冲动是缺乏勇气的外在表现状态，正是因为个体缺乏克服困难的勇气，所以才会做出不恰当的行为。

个体之所以会做出对团体毫无贡献反而破坏团队和谐的

行为,是因为个体以自我为中心,自私地看待一切事物。

　　冲动的行为并不会为个体实现共同体感觉助力,因为冲动的行为都是自私的。反之,若个体充满勇气,便不会做出自私的行为。个体自知无法依靠自身独自生存,自然而然希望对团体做出贡献,勇气与实现共同体感觉密不可分。

　　阿德勒心理学中的勇气,不会促使个体做出冲动、鲁莽的行为。

第二章　鼓起勇气，努力向前

勇气和蛮干之间的区别

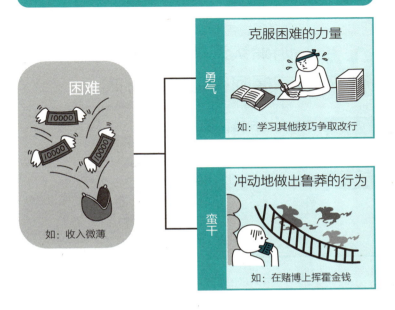

蛮干的实例

| 前往危险地带旅游 | 为了展示自己的酒量一口干 | 不分缘由地与他人争吵 |

04 | 何谓勇气
明确认识勇气的内在含义，掌握阿德勒思维方式

重点 ❶ 学会正视风险，才能克服困难

重点 ❷ 实践奥赛罗式勇气培养法

▶ 勇气需满足三大要素

上文提到，勇气指的是个体克服困难的力量，若要对勇气进行更详细的定义，那勇气就包含以下三方面。

❶ 勇气指的是应对风险的能力

这里所指的风险并非危险，我们无法预知挑战的结果是好是坏，而不确定性较高的挑战便是风险。

为了逃避校园欺凌而选择转校，但是并不意味着新学校就不存在欺凌的情况；当我们在向新事业发起挑战时，也有

失败的可能性。个体在面对不利局势、追求自我成长的过程中，总会面临失败的可能性。但是，只要个体富有勇气，不管结果成功与否，就能在经历中得到成长。我们要学会正视风险，毫不犹豫地向困难发起挑战。

❷ 勇气指的是个体为克服困难所做出的努力

个体需要认识到，只要勇敢面对，并为之勇敢地做出努力，就能克服困难。

❸ 勇气在一定程度上可以定义为团结协作能力

自以为是、争强好胜的心理并非勇气，个体需与他人团结协作，为团体共同目标的实现做出应有的贡献。

▶ 实践奥赛罗式勇气培养法

当我们深入理解了勇气的内在含义，自然就能感受到勇气对于个体的重要性。但是，若要求个体一年365天、一天24小时随时活力满满地充满勇气，是有一定难度的。

在工作中出现失误，在与人相处的过程中出现不愉快，或者不慎摔伤等情况，都会打击我们克服困难的士气。为了应对以上情况，建议各位实践奥赛罗式勇气培养法。在奥赛罗棋的游戏规则中，可以通过翻转棋盘中的棋子，使之改变颜色。即便在日常生活遇到不顺心的情况，只要在早晨和夜晚实践奥赛罗式勇气培养法，就可以改变白天的不良情绪。

具体执行方式很简单，在早晨和夜晚分别高声喊出"今天也是美好的一天""今天也好好努力了"的口号，通过给予自身满足感、向自身表示感谢的方式，一举消除白天的坏情绪。请各位务必一试。

深刻认识勇气的内在含义，积极实践奥赛罗式勇气法，我们就能富有勇气地生活。

第二章 鼓起勇气，努力向前

勇气三大要素

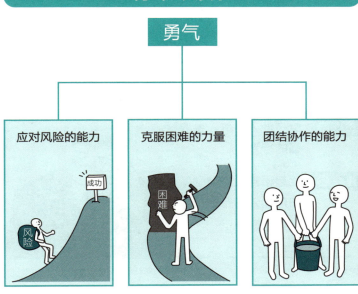

让我们一起实践奥赛罗式勇气培养法

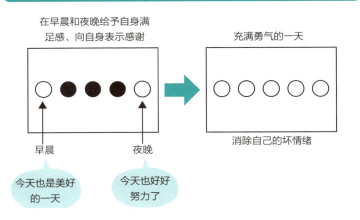

05 勇气的前提条件
赋予他人勇气有助于改善人际关系

重点 ❶ 赋予他人勇气，是双赢的行为

重点 ❷ 比起语言上的鼓励，由内而外的尊重和态度更为重要

▶ 恐惧将引发攻击性行为

时常会发生以下这种情况：个体原本充满勇气，但在他人的语言攻击和轻视态度的影响下逐渐丧失勇气。使用空气净化器能够达到净化空气的效果，但是空气净化器在工作时会产生有毒气体，有些人因此丧失了使用空气净化器的勇气。

部分个体会做出挫败他人的行为，这正是因为他们自身缺乏勇气。缺乏勇气的个体更容易惧怕他人，进而产生攻击

性心理。

为了不被周边个体所挫败,我们需要主动激发他人的勇气。当周边人也充满勇气时,他们也会相应地给予其他人勇气。随着富有勇气的个体数量的增加,共同体中的人际关系将得到改善,人人都想为团体做出贡献,这时的共同体就越来越接近理想状态。

换言之,赋予他人勇气的过程,也是赋予自己勇气的过程,这是双赢的行为。

▶ 比起语言,态度和行动更为重要

那么,如何激发他人的勇气呢?最主要的还是通过交流沟通的方式来实现。部分人看到交流沟通的方式,就会片面地认为可以用固定的话术来激发他人的勇气。但是,鼓励的话语不一定能起作用,激发他人的勇气也并没有固定的话术。比起语言,对待他人的行动和态度更为重要。

已故日本导演蜷川幸雄(1935—2016)在进行演技指导的过程中,以粗鲁的话语和粗暴的行为(投掷烟灰缸等)而出名。但是,和蜷川幸雄导演共过事的大部分演员都对他心存感激,其至称他为大恩人。蜷川幸雄在进行演技指导的过程中,传递的是自己的"期望和决心",即对这些演员成名的期望和要把他们培养成一线演员的决心。

语言会因为语境和表情的不同被赋予不同的含义。比如"你这个家伙"这句话,有可能是挫败他人的话语,也有可能是鼓励或表扬他人的话语。

也就是说,与简单罗列的语言相比,相互尊重的心理更为重要。内心的想法往往是通过态度和肢体语言来表现的,我们需要重视与个体之间构筑相互信赖的关系,这也是激发勇气的基础。

比起语言,对个体尊重和信任的心理更有助于激发对方的勇气。

缺乏勇气将恶化人际关系

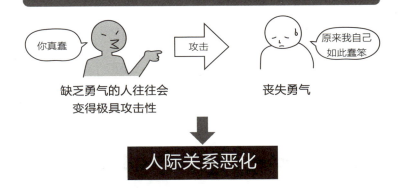

互相信任是勇气形成的基础

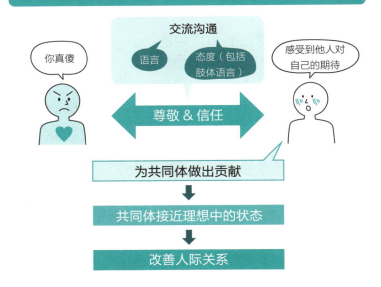

06 褒奖与赋予勇气之间的差异
自上而下的是"褒奖",与他人共情的是"赋予勇气"

重点 ❶ 比起褒奖,阿德勒更重视赋予他人勇气

重点 ❷ 赋予他人勇气的目的,是为了培养个体赋予自身勇气的能力

▶ 赋予他人勇气的真正目的

在实践赋予他人勇气的方法的过程中,我们经常会将激发勇气与褒奖混淆。阿德勒心理学指出了褒奖和赋予他人勇气的不同之处,认为褒奖在某些情形下会形成反作用。褒奖他人可能会被认为是高姿态的表现,也可能会造成个体只有在受到褒奖时才会前进的后果。

相反,赋予他人勇气是给予他人克服困难的力量的行为。赋予他人勇气的行为以相互信任为基础,目的是培养自

己和他人赋予自身勇气的能力。一旦个体拥有了自主行动的力量，就变成了独立的个体。褒奖的效果是一时的，而赋予他人勇气的影响是持久的。

▶ 褒奖和赋予他人勇气的六大差异

本小节将针对褒奖他人和赋予他人勇气之间的差异做简要介绍。

❶ 情景不同

褒奖是当他人的行为达到自己预期时才会发生的行为，换言之是有条件的夸赞。但是，若个体的行为没有达到对方的预期，换来的就是对方的失望，反而有可能挫败个体的勇气。而赋予他人勇气的行为，在个体失败时也可以进行。

❷ 关注点不同

夸赞和褒奖的关注点是他人达到自己期待的行为，而赋予他人勇气的关注点是对方所关注的地方。

❸ 态度不同

夸赞是"自上而下"的高姿态行为，而赋予他人勇气所追求的是与他人达到情感上的共鸣。

❹ 对象不同

褒奖的对象是做出行为的个体,而赋予他人勇气的对象是某个行为本身。

❺ 效果不同

通过与他人进行比较之后给予褒奖,会让个体过于关注与他人之间的竞争关系,而赋予他人勇气则会促使个体成长。

❻ 持续性不同

褒奖会使个体当下拥有满足感,但是效果的持续性不佳,但赋予他人勇气会使个体产生积极向上的心理,并会持续性地影响个体的行为。

赋予他人勇气的影响具有持续性的特点,可以达到促使个体独立自主的效果。

褒奖和激发勇气之间的差异

	褒奖	激发勇气
情景	对方的行为达到自己的预期（有条件）	适用于任何情景（无条件）
	完成了这个月的销售指标，真的太棒了	企划方案没通过，也许你会很失望，但是想法还是很好的
关注点	发出褒奖的个体所关注的点	需要勇气的个体所关注的点
	做得真棒，我要夸奖你	为了顾客四处奔走真是令人感动
态度	高姿态的行为	与对方达成情感上的共鸣
	下次考核，我给你评 A	你能这么认真对待工作，让我深感欣慰
对象	对象是个体	对象是行为本身
	与 A 相比，还是 B 做得更好	在敏捷应对方面，你做了很多努力
效果	过于关注与他人之间的竞争关系 / 在意周边人的评价	追求自我成长与进步 / 培养独立性和责任心
	因此我们输给了营业一部	因为开展营销会，因此业绩才会不断提升
持续性	只能在特定情形下获得满足感 / 效果短暂	激发向上心理 / 持续性效果
	这次真的努力了	按照这样的步调，你还能做好其他更难的工作

专栏 2

比起实验数据,阿德勒心理学更注重实际研究

心理学上最为普遍的研究方式是,针对问题进行重复实验,并围绕实验结果进行实践研究。我们会将通过实验得到的数据或通过动物实验得到的结果进行进一步的实践研究。

当代社会,部分研究者在进行阿德勒心理学相关理论研究时会使用实验数据,但是在阿德勒那个年代,基本上没有实验结果可参考,在进行理论研究时也没有可用的数据。在阿德勒生活的年代,究竟有多少人拥有共同体感觉?这一数据也难以得出。

那么,阿德勒时代是如何开展研究活动的呢?他们通过向研究个体提供心理咨询,并将接受心理咨询的个体的行为变化记录下来,以此作为研究基础。

阿德勒心理学是带有哲学性思维的心理学

阿德勒心理学中最核心的问题便是"对于人类个体而言，何谓幸福"以及"何为人类生存最重要的要素"。因此，阿德勒心理学研究者以个体在态度和行为上的变化为基础，来研究如何改善人际关系，以及如何改变自我才能改善人际关系等人生课题。因此，阿德勒心理学可称为带有哲学性价值观的心理学。

但是，阿德勒心理学终究只是心理学，不可与哲学相提并论，将之称为带有哲学性思维的心理学更通俗易懂。

阿德勒心理学　练习❷

> 问题 1　阿德勒心理学中勇气的概念是什么？

A 克服困难的力量

B 以命相拼的意志

> 问题 2　以下哪项容易挫败个体勇气？

A 恐惧心理

B 传达内心的感谢

答案　问题 1　A　问题 2　A
（第 46 页）（第 50 页）

第二章 鼓起勇气，努力向前

> 问题 3　以下哪项是富有勇气的表现？

 一口气喝掉啤酒

 拒绝一口气喝掉啤酒

> 问题 4　以下哪项是充满勇气的一天的表现？

 在早晨和夜晚对自己表示感谢

B　保持吃早餐的习惯

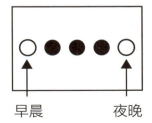

早晨　　夜晚

答案

问题 3　B（第 58 页）　问题 4　A（第 62 页）

| 问题 5 | 赋予他人勇气的过程中最为重要的是 ___？

A 在语言用词上多加斟酌

B 信任对方

| 问题 6 | 以下与他人产生情感共鸣的行为是 ___？

A 褒奖

B 赋予他人勇气

答案

问题 5 B　问题 6 B

（满 66 分）　（满 70 分）

第三章 03

熟知阿德勒心理学五大基础理论，实践赋予他人勇气的方法

改变看待问题的方式，
进而改变世界

阿德勒心理学的五大基础理论

▶ **能为个体带来幸福人生的五大基础理论**

在本书第二章提到,阿德勒心理学中最为重要的便是勇气心理学。拥有享受人生的能力的个体,也拥有让自身和周边人都充满勇气的能力。

当我们看到战胜无数困难最终取得成功的人和时时刻刻都充满活力的人时,肯定也会疑惑为何对方能达到这样的状态。

第三章将着重介绍阿德勒心理学中所倡导的五大基础理论。只要我们加深对五大基础理论的理解,并付诸实践,我们的人生就会变得更加幸福。

❶ 自我决定性(第84页)
❷ 目的论(第88页)

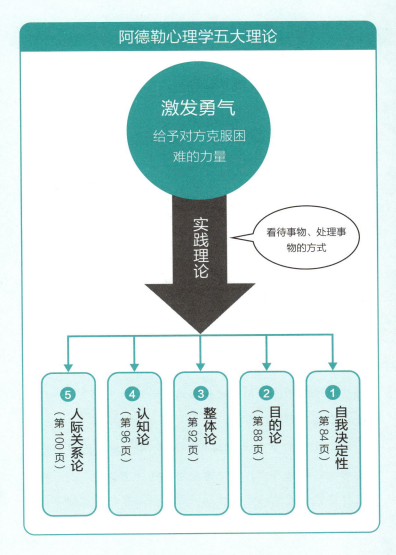

❸ **整体论**（第92页）
❹ **认知论**（第96页）
❺ **人际关系论**（第100页）

▶ 改变思考问题的方式，便可改变看待事物的方式

阿德勒心理学的五大理论也可称为对事物的看法和对问题的处理方式。

比如，在工作中出现失误造成损失或在考试中失利，这些都是客观事实，但是如何看待以上问题，是积极抑或是消极，决定权在个人手中。

我们看待和处理问题的方式就像一面镜子，若是通过雾面的镜子看待世界，那我们就无法看清世界的真实模样；但若改成清晰的镜面，也就是积极地看待世界，那么这个世界会比我们想象得更加美好。

我们无法改变他人和环境，但是可以改变自身对于事物的看法和处理方式，这个理论可以应用于生活中的各种情形。让我们改变不合理的想法，在日常生活中实践赋予他人勇气的方法。

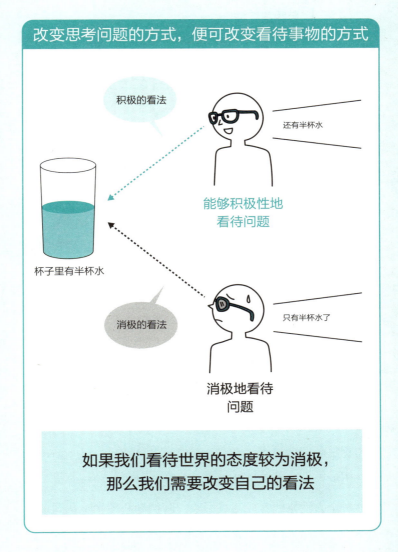

01 自我决定性

每个人都是自己命运的主人公，可以自己决定自己的人生

重点 ❶ 个体的决定权完全掌握在自己手中

重点 ❷ 个体可以通过自身改变未来

▶ 个体是命运的主宰者而非牺牲者

部分个体偏向于将自己的失败归结于某个原因，比如，自身未能接受良好的教育是由于家境贫困，未能顺利转行是因为毕业于普通院校，等等。阿德勒心理学认为个体的人生完全由自己决定，因此否定了以上将失败归结于某个特定原因的想法。

不能否认，先天性体质虚弱、幼年时遭遇虐待等成长环境会对个人性格的养成造成影响，阿德勒心理学也认同环境

和身体状况对性格养成的影响。

但是,外界环境只会对性格的形成造成"影响",并非决定性因素。阿德勒心理学认为,过去的经历并非造成不幸的原因,个体无法积极看待过去的经历才是造成不幸的决定性原因。

在任何情况下,个体都是自身命运的主宰者而非牺牲者,个体对事物的看法和想法完全由个体自身决定,这便是阿德勒心理学上的"自我决定性"概念。

▶ 个体可以通过自身的力量改变未来

自我决定性意味着个体需要对自己的人生负责,从这一点来看,阿德勒心理学会给人留下残酷的印象。但是,阿德勒心理学的理论并非意味着当你感到不顺时应该责备自己。每个人都可以决定自己的人生,也就是说个体可以通过自身的力量改变未来。我们需要明确认识到,如今的自己是自己所做的决定的产物,这样我们才能深刻意识到,今后自己人生的走向也掌握在自己手中。

如何看待在人生中遇到的困难是由自己决定的,我们需要将每次困难都视为发现问题的机会。在遇到困难时,我们需要认真判断自己面对问题的思考方式对于自己和他人来说是否具有积极性意义。一旦我们拥有这样的思维模式,便不会将失败归结于他人和环境,也更会为自己的决定负起责任。

阿德勒在其著作《关于人生意义的心理学研究(上)》一书中提到,人的一生拥有无穷无尽的机会,这对于我们来说是最大的幸运。只有个体自身才能决定自己的幸福。

如今的自己是"自我决定"的产物。

第三章 熟知阿德勒心理学五大基础理论，实践赋予他人勇气的方法

个体可以决定自身的一切

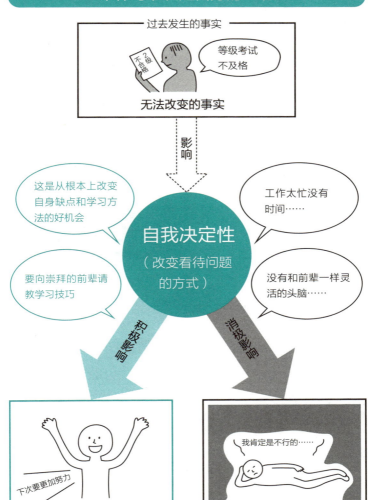

02 | 目的论
个体可以改变未来

重点 ❶ 原因论无法解决任何问题

重点 ❷ 个体无法改变过去，但可以改变看待问题的方式

▶ 原因论无法解决现实问题

西格蒙德·弗洛伊德是与阿德勒齐名的三大心理学家之一，也是原因论的倡导者，他认为人类所有的行为都必定有因。

原因论认为，个体之所以会虐待他人，是因为过去遭受过虐待；个体之所以闭门不出，是因为遭受过欺凌。阿德勒否定了看似合理的原因论，而提倡目的论。他认为，我们无法改变过去发生的事实，原因论只是对既定事实的解释，并

未提出解决问题的方向。弗洛伊德试图通过原因论解释人类的行为，而阿德勒则通过目的论帮助人类解决问题。

▶ 放眼未来，达成目标

阿德勒的目的论认为，人类所有的行为都是有目的的，个体一旦遇到不顺的情况，总会通过自己的努力扭转局势，使自己的人生朝正向发展。换言之，目的论就是实现未来目标。

并非所有人都会认识到自己努力使人生朝正向发展的心态，其实就是自己的目标，更多的人会将现状与自己的理想状态相比较，认为与富裕、幸福等理想状态相反的状态就是不顺。

目的论的含义是，人类为了缩小理想与现实之间的差距，会采取一切措施。目的论与本书第32页提到的自卑感紧密相关，个体之所以会产生自卑感正是因为现实状态与理想状态之间有差距。即便理想与现实之间有差距，我们也不能否定自己，而是需要更加努力，未来还有更多可能性。

只要我们放眼未来，就有很多可能性，未来也会变得更加美好。因此,在我们遇到不顺心的情况时,不要基于原因论去分析问题,而应该基于目的论去思考如何才能接近理想状态,并积极采取行动,这才是目的论所提供的解决方式。

在我们实践目的论的过程中,就会渐渐舍弃将自己的不顺归结于过去和他人的想法。

> 不要纠结于过去,探究实现未来理想的方法,积极采取行动。

目的论与原因论之间的区别

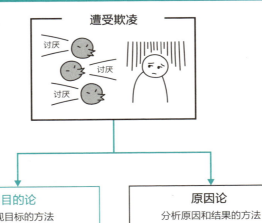

遭受欺凌

目的论 实现目标的方法		原因论 分析原因和结果的方法
 努力成为老师，消除校园欺凌		因为欺凌，变得自闭
放眼未来 （制定未来目标）	志向	陷入过去 （过去发生的事实影响现在的生活）
自主性较强 （注重个体想法）	想法	自主性较弱 （不注重个体想法）
当事人意识 （拥有当事人意识）	意识	被害者、牺牲者意识 （将自己视为被害者、牺牲者）

激发勇气 **失去勇气**

03 整体论
无须为内心的脆弱而担忧

重点 ① 人类内心不存在矛盾与对立

重点 ② 个体不同的特征可以起互补作用

▶ 想做但是做不到，到底是谁的过错？

各位读者应该都经历过以下这些情况：不自觉间过量饮酒；明明想认真学习，但是浑浑噩噩看了很长时间的电视；明明想早起有充分的时间做出门准备，但还是在快迟到的时间才起床；等等。虽然意识到自己应该如何做，但就是做不到。部分个体甚至会因为意志力不够坚定，开始责备自己。

当出现以上这些情况时，部分个体可能会找借口掩饰。

比如，理性上意识到自己应该如何做，但无法抑制自身的情感；再如，这些行为是在无意识的状态下做出的；等等。

我们经常会将意识与无意识、理性与感性、心理与身体当成相反的概念来理解，以表达内心的矛盾与对立。以上将人类分解还原为不同的部分加以理解的概念就是"要素还原论"。

但是，阿德勒否定了"要素还原论"的观点，提倡"整体论"，即阿德勒心理学认为人类的内心不存在矛盾，是互相联结的状态。

▶ 从整体论的角度看待问题，就无法为失败找借口

在整体论的思想中，意识与无意识、理性与感性、心理与身体是不可分割的要素，彼此之间属于互补的关系。比如，当我们因为工作中遇到的难题而苦恼时，有时会在梦中找到问题的解决思路，这就是意识与无意识之间互补的案例。在挑选恋人时，我们无法单纯从理性或者感性的角度去思考，这便是感性与理性相联结的案例。内心的脆弱会影响

个体的身体状况，反之体力不足可以通过内心的强大加以弥补，这是心理与身体不可分割的案例。人类是不可分割的整体，个体之间起互补作用。

那么，我们该如何看待本小节开头提到的问题呢？过量饮酒，并非意识到不可为而无意识间为之，只是本人不想停止而已。从整体论的角度看待问题，我们就无法使用"意识到不可为，但无意识间为之"的借口，因此，我们也拥有了改变自己想法、进而改变现状的机会。

当我们沉迷于电视无法自拔时，需要认真思考学习的目的，通过理性的力量改变浑浑噩噩的自己。早上无法早起，我们可以告诉自己"过于疲惫可以多睡会儿"，也可以用"享受早起的乐趣"的意识将自己唤醒。从整体论的角度来说，人类所有的行为都是由自身决定的。

避免为自己的不作为找借口，努力成为更好的自己。

人体各要素之间不可分割

阿德勒心理学的观点

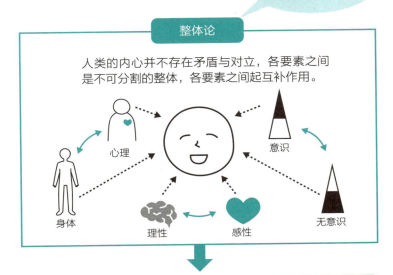

无法为自己的不作为找借口

04 认知论
改变看法，享受幸福快乐的人生

重点 ❶ 人类容易犯认知上的错误

重点 ❷ 培养具有积极性意义、基于现实的共同认知

▶ 基于自我认知的错误信念

人类在看待事物时，往往以自己的主观意识为尺度。比如，有人觉得在嘈杂的咖啡厅里学习十分有效率，也有人会因为嘈杂的环境而无法集中精力。再如，当你询问一对新婚夫妇对于蜜月旅行的感受时，他们的回答也可能不尽相同。造成以上现象的原因是每个个体对于事物的认知是不同的。人类往往偏向于根据自身过去的经验、爱好以及自己的标准来看待事物，这种个人标准我们称之为"个体

思维"。

在某些情况下,个体思维能起到正向作用,但也可能给生活带来不利影响,也就是说个体思维可能会让个体陷入基础认知错误的漩涡。

当未通过资格考试时,一部分人会下定决心继续努力学习,也有一部分人会认为自己的努力毫无意义,因此选择放弃。考试失败不仅是个体改变自身学习方法的好机会,而且掌握的知识可能会对你的工作有所帮助。未通过考试,就认为自己的努力毫无意义,这种想法是错误的。

▶ 通过培养共同认知,改变自身对于世界的看法

如何才能让个体避免陷入基础认知错误的漩涡呢?最为重要的是,培养共同认知。

所谓共同认知,指的是正向积极、符合现实生活规律的想法。当我们在看待事物时,不从主观意识出发,而是站在他人的立场上进行思考与探究。

在掌握共同认知思维模式的过程中,我们需要时常对基于个体思维形成的观点提出怀疑,不断思考自我认知是否符

合现实、是否有所依据。另外，对自身思维模式的认知也尤为重要。在看待事物时，要意识到个体认知的问题所在，引导自我认知回到共同认知的正确道路上，尽可能正向积极地看待一切事物。

当我们具备共同认知思维模式，就能意识到一直以来被忽视的个体认知的问题所在。共同认知思维模式还能帮助我们逃脱极端思想的束缚，享受快乐幸福的人生。

当个体拥有了共同认知的思维模式，就能避免出现认知错误或想法极端的情况。

基础认知错误

掌握共同认知思维模式，摆脱不良思维模式的束缚

05 | 人际关系论
人类在相互影响中共同生存

重点 ① 人类所有的行为都有其对应的对象存在

重点 ② 关注他人人际关系的处理方式和行为目的

▶ **在人际关系中学会理解他人**

我们常常会感慨无法清晰地知道对方的想法,阿德勒心理学的人际关系论有助于解决这一烦恼。阿德勒人际关系论认为,人类所有的行为都有其对象存在。

当我们尝试了解他人时,总希望了解他人内心的真实想法,然而我们无法看清一个人的内心。阿德勒心理学认为,我们可以通过观察他们人际关系的处理方式来尝试了解对方。

应该有许多家长对孩子的问题行为感到束手无策，这时家长们需要意识到，很少有孩子会一直持续做出问题行为，大部分孩子只会在特定的场景或针对特定的个体做出问题行为。

让我们回到自身的例子上，当我们面对亲密的朋友时可以侃侃而谈，但是一旦在上司或者爱慕的人面前就会因为紧张而说不出话。在朋友面前侃侃而谈的你，和在上司或爱慕的人面前略显局促的你，都是真实的你。

也就是说，根据所处对象的改变，个体的情感和行为方式也将随之发生变化。通过观察他人处理周边人际关系的方式，我们就能了解个体本身。

这时，我们需要关注个体进行特定行为的目的。人类所有的行为一定带有特定的目的，比如希望对方更爱自己，希望得到他人的关注或者想向某人复仇等。个体每个行为的目的均不相同，且都有特定的对象；根据对象的不同，目的也随之改变。通过了解个体行为的目的，我们就能判断出个体在哪种情况下会做出哪些行为，进而了解个体本身。

▶ 通过与他人相处,实现自我成长

也许许多人会发现,自己与过去的恋人相处时的性格和与现在的恋人相处时的性格完全不同。交往对象不同,往往自己的兴趣爱好、说话方式和行为方式也会随之发生改变。这是因为人类是在相互影响中共同生存的生物,因此交往的对象是十分重要的。

比起与缺乏勇气的人相处,我们更应该与能够互相赋予对方勇气的人相处,只有这样才能拥有健全的感情,也能实现自我成长。

只要我们关注个体行为的对象和目的,就能了解个体本身。

目的不同，行为方式也随之不同

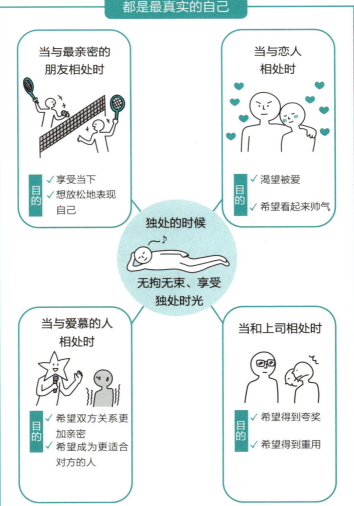

专栏 3

阿德勒心理学不存在心理创伤？

阿德勒心理学否定原因论而强调目的论，许多人会因此认为"阿德勒心理学完全否定心理创伤的存在"，这种观点是错误的。特别是在日本，阿德勒心理学不存在心理创伤的言论大肆传播。

但是，阿德勒并未否认心理创伤的存在，甚至承认过去的经历是个体性格形成的影响因素之一。阿德勒强调的是，心理创伤不会对个体造成决定性影响。

阿德勒的女儿是心理创伤研究第一人

阿德勒的女儿亚历山大被称为心理创伤研究第一人。1942年11月28日波士顿的一家夜总会发生了重大火灾，亚历山大作为医疗团队的一员参与伤员救治工作。据亚历山大阐述，在与幸存者接触的过程中，她们灾后幸存的罪恶感和道德的缺失严重影响了自身的人格，使其陷入了难以治愈的悲伤之中。

根据相关报告，在火灾事件过去一年之后，仍有50%的幸存者患有睡眠障碍和神经过敏等后遗症，他们对自己幸存于世抱有深深的罪恶感，并且对火灾深感恐惧。阿德勒的女儿是证实并传播存在心理创伤的关键人物。

若阿德勒的女儿亚历山大得知，日本学界认为"阿德勒心理学否定心理创伤的存在"，应该会大为震惊。

阿德勒心理学　练习 ❸

问题 1　当我们看待世界的态度变得消极时，应如何应对？

A　世间险恶，放弃改变

B　改变自身的想法

问题 2　以下哪项是个体人生的决定性因素？

A　由个体决定

B　由过去的经历决定

答案：问题 1 B（第 80 页）　问题 2 A（第 84 页）

问题 3 以下哪项属于未来目标？

A 原因论

B 目的论

问题 4 理性与感性等要素之间的关系是 ___？

A 可以分割

B 不可分割

理性　　感情

答案：问题 3　B　问题 4　B
（第 88 页）（第 92 页）

问题 5　如何看待迟到的朋友？

A 毫无可取之处

B 也许有其他优点

问题 6　若我们要了解他人，需要关注哪些要点？

A 对方处理人际关系的方式

B 对方的内心

答案

问题 5 B　问题 6 A

（第 96 页）（第 100 页）

第四章 04

灵活使用赋予他人勇气的技巧

实践阿德勒心理学理论，改善人际关系

通过赋予他人勇气,有效改善人际关系

▶ 赋予他人勇气的三大步骤

在本书前述内容中,我们学习了赋予他人勇气的理论知识。那么,在与他人相处时,我们应如何激发他人的勇气呢?第四章将主要针对上述问题做详细介绍。

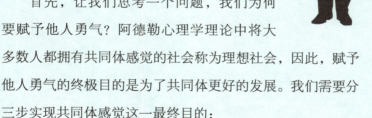

首先,让我们思考一个问题,我们为何要赋予他人勇气?阿德勒心理学理论中将大多数人都拥有共同体感觉的社会称为理想社会,因此,赋予他人勇气的终极目的是为了共同体更好的发展。我们需要分三步实现共同体感觉这一最终目的:

第❶步　在相互尊敬、相互信任的关系中激发他人的勇气。

第❷步　培养他人赋予自己勇气的能力。

第❸步　为了有益于共同体发展而赋予他人勇气。

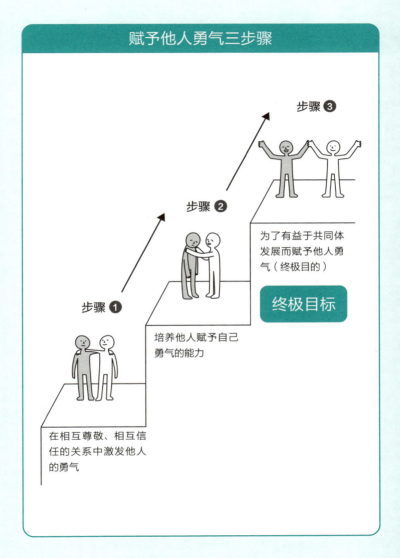

▶ 赋予他人勇气和共同体感觉之间的关系

上述提到的步骤❶是赋予他人勇气的前提条件，若个体之间无法建立相互尊敬、相互信任的关系，那无论采取何种方式都无法达成赋予他人勇气的目的（可参考本书第66页）。

本书中的"尊敬"更接近英语中"Respect"一词，即更强调敬重的意思，包括对身边亲近的人和比自己年龄小的人，我们都需持有敬重之心。只要我们怀抱敬重之心，就不会做出失礼的行为。而"信任"是无条件地相信对方，不是对于对方言行举止的信任，而是对于个体本身的信任。主动给予对方信任，是建立相互信任关系的第一步。

步骤❷是要培养他人赋予自己勇气的能力，赋予他人勇气与夸赞具有本质上的差别，夸赞的效果是短暂的，而赋予他人勇气的目的是促使他人培养独立自主的健康人格，也就是帮助他人成为能够赋予自己勇气的人（可参考本书第70页）。

步骤❸是赋予他人勇气的最终目的，即拥有共同体感觉。当共同体中的大多数人都能感受到自身对于共同体的贡献时，共同体将得到进一步的发展，共同体中的个体便能感

第四章 灵活使用赋予他人勇气的技巧

赋予他人勇气和共同体感觉之间的关系

赋予他人勇气和共同体感觉之间是密不可分、相辅相成的关系

知到幸福。赋予他人勇气和共同体感觉之间是密不可分、相辅相成的关系。

本章将以赋予他人勇气的三大步骤为基础,详细介绍赋予他人勇气的方法与技巧。

01 赞美与指正
缺点再多的人也有可取之处

重点 ❶ 得体的行为极易被忽略

重点 ❷ 夸赞能够使人际关系形成良性循环

▶ 显眼的缺点与易被忽略的优点

我们常犯的错误之一就是不自觉地指正他人的行为,比如会说出"你的房间真脏""你应该及时接电话""你要更加详细地向我汇报进展情况"等这些话。我们总是很容易发现家人或者同事做得不好的地方,特别是对于新入职的员工,我们会更加关注他们的行为,并不断加以指正。

阿德勒心理学认为,只是指出他人的错误之处很难达到促使对方成长的目的,我们要转换思维,采取夸赞对方的方式。

夸赞的方式与指正完全相反,需要关注他人得体的行为,并通过言语传达我们的夸赞之意。所谓得体的行为不仅包括合乎道德的行为,还包括我们认为理所应当的行为。

通过观察我们可以发现,个体不得体的行为仅占整体行为中的一小部分,只不过是因为我们过于关注对方的问题行为,因此把对方判定为"问题个体"。实际上他们的行为大部分都是积极向上且符合实际的。

正因为我们认为得体的行为是理所应当的,所以往往容易忽略。在电话中不善表达的人,也许一直坚持向周围人打招呼。然而正是因为我们认为问候是理所应当的行为,所以才未加以关注。

▶ 关注所带来的影响

比起指正,夸赞带来的最大影响便是个体会持续进行受到夸赞的行为。举一个常见的例子,现在的公共厕所比以前的更为干净整洁,带来这一变化的原因并非厕所保洁员数量的增加,而是"感谢您共同维护公共卫生"这样的提醒标语。过去我们常见的标语,比如"请勿……""禁止乱涂乱画"等都颇具强制性。一旦我们得到周边人的夸赞,比如听到周边人说"你充满活力的问候让我的心情变得很好"等,下次我们只会送上更加有活力的问候。夸赞能使人际关系形成良性循环。

以上理论同样适用于个体本身,若我们能肯定自己、夸奖自己,就会对自己更加满意。

关注个体得体的行为,通过赋予他人勇气,改善人际关系。

关注他人得体的行为

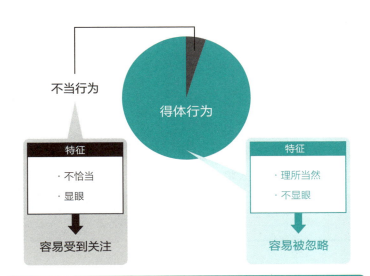

个体会延续受到关注的行为

02 | 感谢的回旋效应
感谢将带来良好的回旋效果

重点 ❶ 通过表达感激之情的方式，赋予他人勇气

重点 ❷ 当我们向他人表示感谢时，他人将收获贡献的喜悦

▶ 在表达感激之情时，我们也将收获对方的感谢

首先，让我们回想一下今天自己对周边人表达了几次感激之情。表示感谢无须花费时间及精力，是赋予对方勇气最简单的方式。除了具有无须花费时间及精力的优点之外，同时也是赋予他人勇气最有效的方式，这是因为感谢会产生回旋效应。没有人会因为获得他人的感谢而产生不快吧？若你在获得他人的感谢时内心产生不快，那你必须重新审视你们之间的关系。在健全的人际关系中，当我们向对方表示感谢

时，对方也会让我们感受到他的感激之心，这将推动人际关系的和谐发展。

我认为日本人不善表达内心的感谢，即便对于他人特地为自己做出的付出，也只会说"不好意思"，而这个词是在道歉的时候使用的。若你有使用"不好意思"表达感激之情的习惯，那么从今天开始请尝试使用"感谢"来替换，勇敢地表达内心的感激之情。

▶ 感谢将让人收获贡献感

感谢和道歉之间的另一个区别是，是否能让个体收获贡献感。举个例子，当我们手持重物时，有人帮忙推门，这时我们应该真诚地说"谢谢"，而不应该说"不好意思"。感谢的话语会让对方觉得自己能够为他人做出贡献，自然会心情愉悦、面带微笑地对你说"不客气"。即便我们从他们的表情上看不出波澜，此时他们的内心也一定是愉悦的。

人类有许多欲望，从食欲及睡眠等维持生存的低层次欲望，到追求安全的生存环境及集体归属感等高层次的欲望,人类的欲望会随着人类社会的发展而不断延伸。在人类的所有欲望中,层次最高的便是"自我价值的实现、为他人贡献自己的力量"。通过自身的力量,使他人能够收获喜悦,这是人类共同拥有的最高层级的精神层面的欲望。你的一句感谢会催生对方的贡献感,成为激发双方勇气的源泉。

由内而外的感激之情,会产生回旋效应。

感谢的作用

感谢的回旋效应

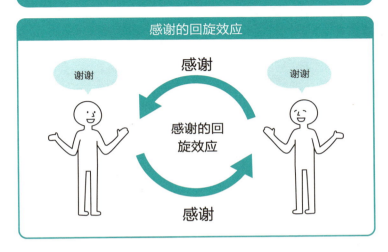

贡献感的作用

03 | 过程与结果之间的矛盾
切勿过分在意结果

重点 ❶ 注重成长的过程,通过语言的方式表达

重点 ❷ 采用加分原则,而不是减分原则

▶ 时间会给出所有的答案

首先,还是让我们回想一下,自己在教导新员工和晚辈时,是否说过"为什么这么简单的事情都不会""昨天刚说过"等这样的话呢?

试想,若你已经拥有2年工龄,那么你比新员工多出了将近2000个小时的工作时间,在这样的背景下,我们无法指责新员工和晚辈无能。

当然,也会出现努力与结果不成正比的情况。比如初入

职场是在一家服装店兼职,基本上没有人一开始就对兼职的各项工作得心应手。我们甚至难以想象,服装店的工作要从最基本的仪容仪表、日常问候及打扫卫生开始学习。即便使出浑身解数,一个月后我们仍无法赶超已有5年工作经验的前辈,无法达到他们那种待人接物的熟练度和优秀的销售业绩。在我们看来,前辈好像并没有做出任何努力。

从前辈们的视角来看,在结果呈现之前,我们需要继续努力。当然,我们需要在结果呈现之前,不断付诸努力。

▶ 注重过程,实现成长

对于暂未做出显著成果的人,我们应该如何鼓励他们呢?答案是关注他们努力的过程,并赋予他们勇气;关注他人的成长与进步,并为他人感到高兴。

当新人被要求提交棘手的报告时,得到的评价是"身为社会人却写出学生式的报告"和"你基本上掌握了报告书的书写格式"这两句话,以上哪句话更能够鼓舞人心呢?自然是后面一句。这便是关注他人的进步与成长。为了能够关注他人的进步与成长,我们必须坚持加分原则。所谓减分原则，指的是若对方未达到自己眼中的满分，就觉得对方需要更加努力，即便对方得了80分，也只会关注被扣除的20分。而加分原则便是关注对方已经获得的80分的部分。

关注对方的成长与进步，并为对方的进步与成长感到欣喜，鼓励对方继续前行，这才是加分原则的含义。

重视努力的过程，站在对方的立场上赋予对方勇气。

第四章　灵活使用赋予他人勇气的技巧

努力和结果之间的差异

| 减分原则 | 自上而下地评价对方的成果,催促对方继续努力 |

实例

距离目标还有一定的差距

还不够努力

只能做到这种程度吗

我就能做得更好啊

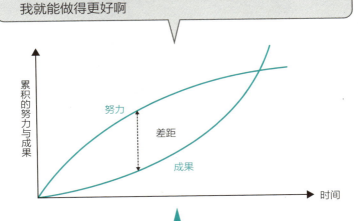

| 加分原则 | 肯定对方的成长,站在对方的立场思考 |

实例

每天的努力我们都看到了

已经得了 80 分了

你已经掌握了

对待失败的态度

04 | 个体看待失败的态度，将改变个体的未来

重点 ❶ 切勿将失败视为不愿面对的过去，并封存于心

重点 ❷ 积极面对失败，并将失败的经验运用于下一次挑战

▶ 所有人都经历过失败

谁都曾经历过失败，随着年龄的增加，失败的次数也许也会随之增加。人类正是在失败中实现成长，并与失败长期共存。

失败的形式有许多种，有像丢失手帕这样的小失误，也有像给公司造成巨大损失这样的大失败。若我们面对失败永远只会抱头痛哭、停滞不前，并意图消除失败的记忆，那么我们就无法将失败的经验运用在人生下一阶段的挑战中。

▶ 对待失败的态度及处理方式

个体面对失败的态度及处理方式，将带来不同的结果。对待失败的态度大致可以分为以下五种：

❶ 将失败视为挑战的依据

新挑战通常伴随着失败，面对未知的事物勇敢发起挑战这一行为本身就值得他人尊敬。

❷ 将失败视为学习的机会

若我们能从失败中学习经验，而这些经验能够帮助我们判断哪些方法是错误的，哪些方法是正确的，那么每一次失败都将是无可替代的最为珍贵的经历。

❸ 将失败视为再次出发的动力

当我们面对失败时，总会感到后悔和遗憾，这些后悔和遗憾的心理反而会成为再次向困难发起挑战的原动力。若我们并不为失败感到后悔，反而失去了再次挑战的勇气。

❹ 将失败视为向远大目标发起进攻的勋章

有些运动员会因未在奥运会中获得奖牌而悲伤。但是，他们已经获得了向奖牌发起挑战的机会了，取得参赛资格本身就是一件了不起的事情。

❺ 将失败视为下一次成功的基础

当我们正视失败时，就能发现失败的问题所在。而这些发现将成为下一次成功的基础。

若我们的失败给他人造成了不利影响，不要急于为失败找借口，只要践行以下三个步骤，那么每一次失败都不会白费。

❶ **道歉，真诚地道歉。**

❷ **回到原点，复原到最初的状态。**

❸ **防止再次失败，认真探讨避免重蹈覆辙的对策，并付诸实践。**

即便我们无法对失败的人提出表扬，但是我们可以赋予他们勇气（参考本书第70页）。为了使他人能够积极面对失败，我们需要注意选择恰当的表达方式。

切勿将失败视为不愿面对的过去，积极面对失败，勇敢地发起下一次挑战。

第四章 灵活使用赋予他人勇气的技巧

积极面对失败

对待失败的五种态度

❶ 将失败视为挑战的依据

勇敢向新事物发起挑战这一行为本身就值得他人尊敬。

❷ 将失败视为学习的机会

若我们能从失败中学习经验,那么每一次失败都将是无可替代的最为珍贵的经历。

❸ 将失败视为再次出发的动力

将失败作为我们再次向困难发起挑战的原动力。

❹ 将失败视为向远大目标发起进攻的勋章

原本就是可以向远大目标发起挑战的人才。

❺ 将失败视为下一次成功的基础

我们从失败的经历中发现的问题将成为下一次成功的基础。

当我们的失败给他人带来困扰时

❶ 真诚地道歉　❷ 将事态复原到最初的状态　❸ 避免重蹈覆辙

课题分离

05 切勿干涉他人的课题，专注于自身的课题

重点 ❶ 可控课题与不可控课题

重点 ❷ 某些情况下，他人的课题也可能成为共同课题

▶ 可控课题与不可控课题

个体在生活中会遇到种种心事与烦恼，究其根本可将这些课题分为可控课题与不可控课题。比如，个体自身的态度和言语是可控的，而他人的态度和言语却是个体无法控制的。

我们时常会因他人而感到忐忑不安，忧心对方是否心绪不佳，以及自己是否被他人所讨厌等等。但是，为不受自身控制的事情而烦恼是毫无意义的，我们需要集中精力于自身

的课题上，这些课题是可以通过自身的努力加以改变的。

阿德勒心理学将以上把人生课题加以分类的概念称为课题分离。

前职业棒球选手松井秀喜曾说过："观众对于比赛的看法我无法控制，我能做的就是专注于比赛，当我拼尽全力取得胜利时，原本喝倒彩的观众反而会为我鼓掌。"对于松井秀喜来说，比赛中唯一可控的就是比赛本身，我们需要专注于可控的课题上。

再举一个其他的例子，在考试中我们无法控制出题人的出题方向，但是我们可以努力将考试范围内的知识熟记于心。

一旦我们将面对的课题进行分类思考，我们就能对自己需要做的事情有清晰的认知。另外，切勿干涉他人的课题也是很重要的原则，轻易干涉他人只会恶化双方之间的关系。

▶ 与他人的共同课题

在某些情况下，他人也许会向我们求助，或者我们需要赋予他人面对困难的勇气。在这种情况下，他人的课题将会变成你们之间的共同课题，你需要将其视为自身的课题并努力克服。

当然，在处理共同课题时也需要有清晰的界限，若我们未将"可以协助"与"不可协助"之间的界限划分清楚，那课题的责任将会变得不明确，反而可能会造成双方关系的破裂。

不管是课题分离还是共同课题，我们都需要先划出清晰的界限，切勿随意干涉他人的课题。我们需要对自身需要完成的课题做出清楚的判断。

> 随意干涉他人的课题，会破坏人际关系和谐，处理课题时必须要有清晰的界限感。

课题分离与共同课题

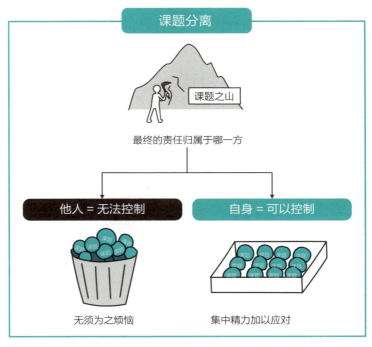

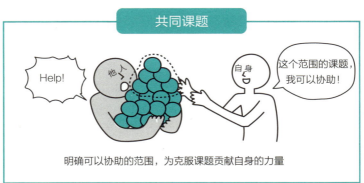

以"我"为主语的句式

06 提醒他人时使用以"我"为主语的句式

重点 ❶ 认清自身发出提醒的目的，冷静选择传达的方式

重点 ❷ 避免采用挫败对方志气的提醒方式

▶ 发出提醒本身并非不好的行为

在日常生活中，我们总会遇到孩子或下属做出不恰当行为的情况，在这种情况下，我们有义务提醒他们，并给出建议，而发出提醒难免会挫败他们的志气（参考本书第50页）。

我们往往由于担心挫败他人的志气，而选择三缄其口，对他人不恰当的行为视而不见，而这是不正确的行为。当然，若我们情绪化地加以斥责，也许会遭到对方的反感。我

们需要先明确自己发出提醒的目的，保持应有的理性。若我们的目的是以下三种，那我们确实需要提醒对方。

❶ 为了纠正对方的行为习惯

首先，需要让对方意识到自身的行为习惯是不恰当的，我们提醒的目的是希望对方加以改正。

❷ 为了促使对方进步

为了激发对方的潜能，促使对方进步而发出提醒。

❸ 为了激发对方的斗志

对于丧失斗志的人，为了激发他们的斗志而发出提醒。

▶ 使用以"我"为主语的句式

为了达到提醒对方做出改变而又不挫败对方志气的双重目的，我们可以采取的提醒技巧是，在进行提醒时用"我"来代替"你"，也就是以自身作为主语。比如，当我们提醒对方注意自己的行为方式时，使用"你当真是敷衍""你就是这种人"等句式，就是以"你"作为主语的句式，而若将"我"作为主语，那句式就变成"如果能再委婉点，我会觉得很舒服""如果能早点来,那真是帮了我大忙了""如果能停止这些行为,我会很欣慰"等。

日语句式中经常省略主语,因此日常生活中人们并未注意到两个句式之间的差别。比如,"真傻""不要捉弄人"等都是以"你"为主语的句式,而"吓一跳""很遗憾"等是以"我"为主语的句式。

我们需要意识到,在批评他人时,通常使用的都是以"你"为主语的句式。

情绪化地提醒他人,也许会遭到反感,我们需要在不挫败他人志气的情况下冷静地选择恰当的句式。

向他人发出提醒时的注意事项

目的

1. 希望纠正对方不良的行为习惯
2. 希望促使对方进步
3. 希望激发对方的斗志

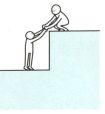

充满干劲

↓ 谨慎地提醒

冷静地选择恰当的语言

避免挫败他人的志气

以"你"为主语的句式 ✗

你确实不行
你给大家造成了困扰
你为何如此固执己见

以"我"为主语的句式 ○

我觉得下次你可以换一个方式
如果你能这样的话,我会很高兴
你的这句话让我很惊讶

07 | 夸张表达和限制表达
夸大肯定,减少否定

重点 ❶ 表达方式不同,激发对方勇气的效果也不尽相同

重点 ❷ 夸大肯定,减少否定

▶ 夸大肯定可以提升激发勇气的效果

在我们赋予他人勇气时,因表达方式的不同,效果也不尽相同。以下三种方式均能有效激发他人的勇气,分别是夸张表达法、限制表达法与可能性表达法。

夸张表达法

夸张表达法是在肯定对方时使用的表达方式,可以通过列举对方多个优点、加上"总是""非常"等副词及肯定性形容词的方式加以呈现。

比如"你努力学习的身影让我深受感动"这句话，本身也能起到激发他人勇气的效果，但是为了更好地激发他人的勇气，我们可以使用"你不仅每天坚持学习，而且家务也做得干净利索，真的让我十分感动"这样的表达方式。

▶ 通过限制表达和可能性表达避免挫败他人志气

当我们必须向对方传达消极、否定的内容时，切忌使用挫败他人志气的表达方式，上文提到的以"我"为主语的句式便是推荐使用的代表性例子（本书第134页）。

限制表达法

限制表达法也可以达到避免挫败他人志气的目的。在我们向对方传达消极、否定的信息时，将话题限定在某个范围内，并使用可以限定内容的副词或形容词加以修饰。比如"你有时候会逃避打扫卫生，这种行为也许会让周围的人感到些许不愉快"这样的表达方式。

使用夸张的表达方式对他人加以否定，会挫败他人的志气。比如"你总是逃避打扫，而且平常也不帮助他人，周围的人都对你的行为感到十分厌烦"。

可能性表达法

当我们向对方传达消极、否定的内容时,需要注意切忌使用断言式的表达方式,比如"你的行为肯定会让大家感到不快"。这样的表达方式会使对方丧失勇气,我们可以考虑使用可能性的表达方式,比如"你的行为也许会让大家感到不快"这样的句式。

避免过度断言,通过可能性的表达方式,可以达到维护对方自尊心的效果。

通过钻研语言的表达方式,可达到更好地激发他人勇气的效果。

通过钻研语言表现手法，可达到更好地激发他人勇气的效果

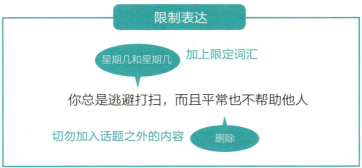

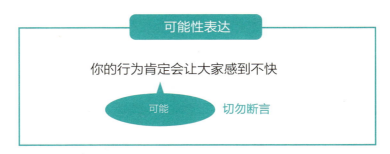

阿德勒是弗洛伊德的弟子吗？

阿德勒与弗洛伊德同为三大心理学家之一，然而弗洛伊德提倡原因论，阿德勒却支持与原因论相反的观点——目的论（参考本书第88页）。从二者提出的观点来看，他们之间是完全对立的存在，实际上阿德勒与弗洛伊德早期曾一起做研究，弗洛伊德对阿德勒的评价颇高。

阿德勒与弗洛伊德相识的契机是阿德勒书写了一篇针对弗洛伊德著作的书评，这本著作正是弗洛伊德的代表作《梦的解析》。在《梦的解析》出版伊始，大家对这本著作的评价并不理想，而阿德勒却在书评中对《梦的解析》大为赞赏。当弗洛伊德看到阿德勒的书评时，便邀请阿德勒加入自己的精神分析学会共同做研究。以上便是二人相识的契机。

弗洛伊德与阿德勒为何分道扬镳？

最终，阿德勒因为与弗洛伊德观点相左而选择离开学会。弗洛伊德倡导"力比多理论",而阿德勒主张"追求优越感"才是人类不断进步的动力,二人之间意见不一致,结果阿德勒于1911年离开精神分析学会,从此与弗洛伊德分道扬镳。

阿德勒与弗洛伊德同为一个学会的成员,经常有人说阿德勒是弗洛伊德的弟子,对此阿德勒本人在《追求生存的意义》(岸见一郎译)一书中写道:"弗洛伊德及其弟子十分自傲,热衷于宣扬我是弗洛伊德的弟子一事。我曾在精神分析学会的小组会上与弗洛伊德激烈争论,但是我并未听过弗洛伊德的授课。"

阿德勒心理学　练习 ❹

问题 1　激发勇气的最终目的是 ___？

A 增加自私自利的个体

B 为了共同体的利益

问题 2　以下我们需要关注的重点是 ___？

A 必须加以改正的不当行为

B 虽然理所应当，但是恰当的行为

答案　问题 1　B（第 110 页）　问题 2　B（第 114 页）

第四章 灵活使用赋予他人勇气的技巧

问题 3 当我们向对方表示感谢时,对方的感受是 ___?

A 产生贡献感

B 觉得遗憾

问题 4 以下我们需要重视的点是 ___?

A 过程

B 结果

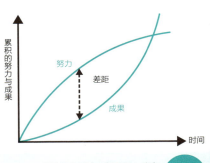

答案

问题 3 A （第 118 页） 问题 4 A （第 122 页）

问题 5 为了防止失败,我们需要 ___?

A 寻找并实践新对策

B 放弃挑战

问题 6 当提醒对方注意时,最有效的方式是以下哪个?

A 你可以尝试别的方法

B 动动你的脑子

答案
问题 5 A (第 126 页) 问题 6 A (第 134 页)

第五章 05

追求共同体感觉的终极目标，收获幸福人生

人类将从对共同体的归属感
和贡献感中收获幸福

所有的个体均归属于某个共同体

▶ 阿德勒心理学中不可或缺的理念

如上文所述,共同体感觉是阿德勒心理学中不可或缺的理念。所谓共同体感觉,指的是个体对于所属共同体的归属感、安心感、信任感、贡献感等所有情感的总称,共同体感觉是衡量个体精神健康程度的标准(参考本书第152页)。

个体无法独立存活于世,生活于现代社会的我们,归属于夫妻、家族、学校、社团、职场、社区等某个或多个共同体。德国的社会学家斐迪南·滕尼斯将社会结构分为"共同体"和"功能体"两个类别,共同体的代表性结构有家族和社区等,这些团体是因情感等自然因素而形成的,而功能体则是为了达成外在的目的而形成的,最具代表性的形式就是企业。

但是日本的实际情况与上述描述不同,在实行终身雇

第五章 追求共同体感觉的终极目标，收获幸福人生

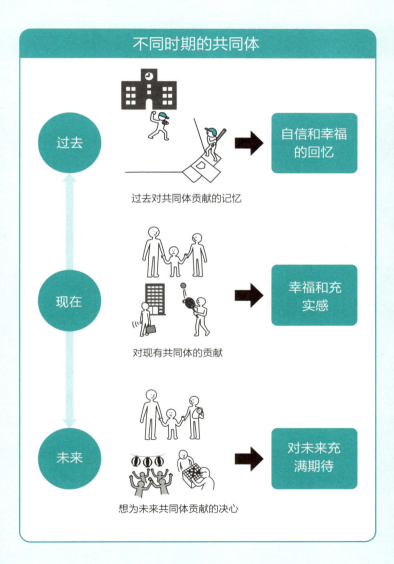

佣制的泡沫经济破灭之前，日本的企业是犹如家庭般的存在，员工对于公司的归属意识较强，企业虽为功能体，但实际发挥着共同体的作用。企业会通过公司旅行和运动会等形式加深员工之间的情感，甚至上司会为公司员工介绍结婚对象。泡沫经济破灭之后结果主义盛行，在结果主义的影响下企业的家庭作用逐渐消失。如今，众多企业开始重新追求人与人之间的羁绊，意图通过人与人、人与企业之间的联结提高团队凝聚力和员工工作的充实感。这种羁绊正是如今我们所追求的共同体感觉。

▶ 共同体感觉的目的是实现理想社会

所谓共同体感觉，并非指成功建立关系亲密的团体或形式意义上的团体，而是个体在团体中开始思考自身能为共同体中的他人做哪些事，能为共同体本身做出怎样的贡献。为了实现共同体感觉，个体之间需要相互尊重、相互信任，这种尊重与信任的关系不分年龄、性别与职业，也不分兴趣爱好与国籍。

虽然与同部门的同事之间兴趣爱好和年龄都不同，但能因与同事们共事而感到幸福，能够自发性地思考自身能为团体做出怎样的贡献，这便是共同体感觉。

第五章　追求共同体感觉的终极目标，收获幸福人生

共同体与功能体的区别

	共同体	功能体
目的	心情愉悦	为了达成外在目的
标准	坚固	强大

共同体

01 | 共同体感觉是衡量个体精神健康程度的标准

重点 ❶ 所有的个体都能拥有共同体感觉

重点 ❷ 基于更广阔的共同体视角思考问题

▶ 基于更广阔的共同体视角思考问题

阿德勒之所以开始强调共同体感觉的重要性,是因为经历了战争的残酷。第一次世界大战时,阿德勒作为精神科医生跟随军队出征,亲眼看见了共同体感觉在战争中被滥用的悲剧。

在战争中,指挥官高歌国家团结的口号,呼吁将士们团结一致击退侵犯国家的敌人。为了维护自己的国家这个共同体的利益而消灭其他共同体,这有悖于阿德勒心理学所倡导的共同体的本质。

即便在现代社会，这种滥用共同体概念的情况也屡见不鲜。体贴与尊重是维系家族纽带的重要因素，但是为了家族团结而高歌至深夜的行为却是不可取的。家族是一个共同体，而社区也是一个共同体，为了家族的利益而牺牲社区的利益，这是无法得到理解的行为。

不管是社区还是家庭，都是重要的共同体，二者之间并非对立关系，家族共同体包含在社区共同体之中。

另外，为了本国的利益而牺牲他国或者地球的利益的行为也是不可取的。比如，战争虽然考虑到了自己的国家这一共同体的利益，但是并未为世界这个共同体做出任何贡献。

一旦我们掌握了共同体的概念，就能理解站在更为广阔的视角上思考问题的重要性。比如，当我们与上司意见不合时，往往容易心生不悦，这时我们需要站在部门、职场以及公司的更为广阔的共同体视角上看待问题。当我们拥有了更为广阔和更有高度的视角，就可以不激发矛盾地解决问题。

任何个体都能拥有共同体感觉

人类与野生动物相比，在体力上不占优势，为了生存只能通力合作，培养共同体感觉。从这个角度上来说，任何个体都是共同体中的一员，都拥有为共同体做出贡献的能力。

若个体对于共同体没有归属感与贡献感，不想融入职场，甚至想脱离家庭，也许他的精神状态已经出现了问题。共同体感觉是衡量精神健康程度的标准。

对身边共同体有贡献，并不意味着对更为广大的共同体有贡献。

第五章 追求共同体感觉的终极目标,收获幸福人生

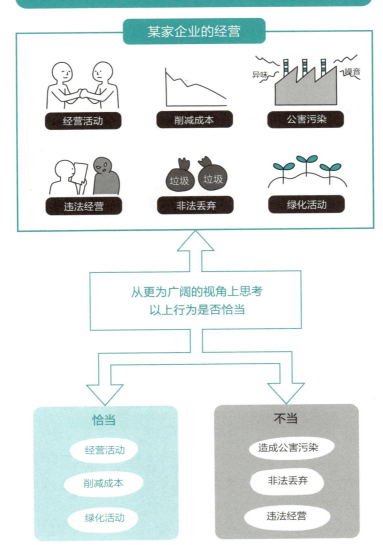

02 | 共同体感觉
通过贡献感充实人生

重点 ❶ 共同体感觉是引导个体打开幸福之门的钥匙

重点 ❷ 共同体在解决人生课题上也发挥着重要作用

▶ 缺失共同体感觉的个体将被孤立于共同体之外

所谓共同体感觉,指的是个体对于共同体的归属感、信任感、认同感和贡献感等情感因素的总称。也可以说是作为共同体一员的个体为共同体做出贡献,与他人通力合作的想法与决心。

当我们为他人做出贡献时,能切实感受到自身的价值,也能收获充实感。**共同体感觉是为个体打开通往幸福之门的钥匙。**

而缺乏共同体感觉的个体容易做出消极的行为，一旦个体缺乏共同体感觉，就不会主动关心他人，也不会想同他人通力合作，更不会为他人做出自己的贡献，渐渐地个体将被独立于共同体之外。缺乏共同体感觉的个体只关注自身，对他人之事置之不理，目光狭隘短浅，因此更容易做出消极的行为（参考本书第50页）。

具备共同体感觉的个体拥有以下五个特征：

❶ **共感能力**

❷ **归属感**

❸ **贡献感**

❹ **相互尊重、相互信任**

❺ **通力合作的能力**

以上五个特征与激发勇气的前提条件部分重合，也从侧面说明了激发勇气和共同体感觉之间是密不可分、相辅相成的关系（参考本书第113页）。若个体能够让勇气生根发芽，便能孕育出共同体感觉。

共同体感觉与人生课题之间的关系

阿德勒将 ❶ 工作课题 ❷ 社交课题和 ❸ 情感课题并称为人生三大课题（参考本书第20页）。个体在面对人生课题时，必不可少的便是拥有共同体感觉。

在与同事、朋友、恋人及家人相处时，即便彼此之间存在差异，是否能感受到舒适幸福、是否足够信任对方、是否有为他人做贡献的决心等心境是极为关键的。

阿德勒认为，在面对人生三大课题时，勇气也必不可少，大多数个体在面对人生课题和困难时，都具备应对问题的活力与勇气。只要具备勇气和共同体感觉，我们就能战胜一切困难。

充满勇气的个体自然也能拥有共同体感觉。

拥有共同体感觉的个体所具备的五大特征

1 共感能力

关注他人所关注之事

2 归属感

意识到自身是所属共同体中的一员

3 贡献感

积极为共同体中的他人贡献自己的力量

4 相互尊重、相互信任

与其他个体相互尊重、相互信任

5 通力合作的能力

主动协助他人,通力合作

03 | 人际关系
良好人际关系的六大特征

重点 ❶ 我们无法与所有人建立满分的人际关系

重点 ❷ 拥有向理想目标前进的动力

▶ 不存在受所有人喜爱的个体

阿德勒心理学认为，人类所有的烦恼均来自于人际关系（参考本书第16页）。为了达到共同体感觉，良好的人际关系自然是尤为重要的，但是共同体中总会存在部分无法友好相处的个体。

共同体中人群的分布遵循"2∶6∶2"原则，即每个共同体都存在20%比较合得来的人，60%的普通人和20%无论如何都合不来的人。那么，我们该如何与这部分不投缘的人相处呢？首先我们需要清楚地意识到对方并未在意我们的存在，其次我们需要干脆利落的处事风格。若你并不想与这部分个体建立良好的人际关系，可以选择与之保持一定的距离。

▶ 阿德勒心理学上良好人际关系的六大特征

没有人能与所有人建立满分的人际关系，但是若我们想与特定的个体建立良好的人际关系，我们需要做到以下六点。

❶ 相互尊重
尊重对方，以礼相待。

❷ 相互信任
无条件地相信对方的一切，而不是基于对方理想的工作、优秀的学历和姣好的面容等外在条件，要相信个体本身。

信任对方也不是基于对方尊重并相信自己的基础之上，而是自发、主动地尊重和相信对方。

❸ 通力合作

表现出为实现共同目标而努力的决心，积极保持沟通。

❹ 共感

对对方的想法与目标充分关注（参考本书第194页）。

❺ 平等

接受对方的不同之处，承认对等关系的存在，给予对方及自己充分的自由空间。

❻ 宽容

价值观并非绝对性的，切勿用自己的价值观评判他人或将自己的价值观强加于他人。当出现与我们持不同观点的个体时，我们需要区分事实和想法，接受不同观点的存在。

> 相互尊重、相互信任、通力合作、共感、平等及宽容，只要我们做到以上六点，就能建立良好的人际关系。

第五章 追求共同体感觉的终极目标，收获幸福人生

构筑良好人际关系的六大态度

① 相互尊重

即便年龄、性别、职业、角色和兴趣爱好不尽相同，所有的个体都需要得到他人的尊重，我们必须以礼相待。

② 相互信任

关注个体行为背后隐藏的善意，无条件相信对方，区分行为本身与做出行为的个体。

③ 通力合作

若我们能与共同体成员达成一致目标，就能够共同朝着目标努力。

④ 共感

对于他人所处的境况、想法、目标、心绪及关心之事表示同等的关注，站在他人的立场上看待、思考问题。

⑤ 平等

接受不同个体之间的差异，认同人人平等的观点，给予他人及自己最大程度的自由。

⑥ 宽容

意识到自己的价值观并非绝对正确的，切勿将自己的价值观强加于他人，关注他人提出的建议本身，切勿将之视为批评和谴责。

精神健康

04 时刻保持幸福的个体重视的六大要点

重点 ❶ 接受自己的优点与缺点

重点 ❷ 因自己身有所属而感到安心

▶ 衡量精神健康程度的六大标准

如上文所述,共同体感觉是衡量个体精神健康程度的标准。那么,精神健康究竟是怎样的状态呢?对此问题,阿德勒心理学举了六大标准:

❶ 自我接纳

所谓自我接纳,指的是不仅接受自身的优点,也接受自身的缺点,即接受自身的一切。作为前提,我们必须熟知自己的优点和缺点。在现实生活中,人们极易将自我接纳和自以为是混为一谈。但是，自以为是的个体缺乏正视自身缺点的勇气，而具备自我接纳能力的个体能够承认并接受自身的缺点。除此之外，具备自我接纳能力的个体，也能够接受其他个体，并与其他个体携手共建良好的人际关系。而自以为是的个体只会"独善其身"，无法接受他人，容易出现以下两种极端心态：一种是一定要战胜他人的竞争、强势的姿态，另一种是认定自身无法战胜他人的逃避、怯懦的姿态。

❷ 归属感

所谓归属感指的是，个体感受到自己归属于某个共同体，并为此感到安心。归属于共同体的这份安心，可以在必要时刻激发出个体贡献的决心。而精神状态不佳的个体感觉自己不属于任何一个共同体，并深受他人排挤。

❸ 信任感

所谓信任感指的是，个体是否对于同属共同体中的他人充分信任。正因为彼此信任，才能构筑时刻通力合作的关系。而彼此不信任的个体之间，无法建立合作关系，一旦个体无法相信共同体成员，便会产生敌对心理，这是精神状态不佳的表现。

❹ 贡献感

所谓贡献感指的是，个体是否自发、主动地为他人或共同体做出贡献。阿德勒的弟子W. B. 沃尔夫（医学博士）曾在《如何收获幸福》一书中写道：个体幸福最准确的判断标准便是，个体是否为他人做出了贡献，是否有他人在等待自己的贡献。阿德勒心理学上的幸福并非物质上的丰富，也并非地位头衔的高贵，而是从贡献中收获的自我满足。

❺ 责任感

责任与权力是一枚硬币的两面，密不可分。不存在无须担负责任的权力。当个体想行使自身的权力时，也必须承认他人所拥有的权力。

❻ 勇气

所谓勇气指的是个体克服困难的力量（参考本书第46页）。

> 从精神上的健康入手，培养共同体感觉。

第五章 追求共同体感觉的终极目标，收获幸福人生

衡量精神健康程度的六大标准

自我接纳
- 接受自身的缺点，接受自身的一切
- 熟知自身的缺点与优点

归属感
- 感受到自己归属于某个共同体
- 对共同体感到安心

信任感
- 信任他人
- 与彼此信任的个体构筑时刻通力合作的关系

贡献感
- 积极主动地为他人或共同体做出贡献

责任感
- 在行使权力的同时承担起责任
- 承认他人所拥有的权力

勇气
- 拥有克服困难的力量
- 接受不完美的勇气

05 | 理 想
与其哀叹无力,不如追求理想

重点 ① 精神健康取决于个体本身

重点 ② 接受不完美的自己也是勇气的体现

▶ 精神健康由个体主观决定

首先,让我们再次回顾上文中提到的衡量精神健康程度的六大标准,即自我接纳、归属感、信任感、贡献感、责任感和勇气。在以上六个词汇中,有四个词汇包含"感"字,说明衡量精神健康程度的标准大部分是由主观因素决定而非客观因素。换言之,个体的精神是否处于健康状态,归根结底是主观意识评价的产物。

比如,有因疾病入侵而精神萎靡的个体,也有即便疾病入侵、家财散尽仍保持精神健康的个体。再换个极端的例子，也有个体即便处于十分顺利的处境，但仍陷入精神不佳的状态。也就是说，不管个体所处的环境如何，也不管有怎样的外在因素，个体对自身精神状态的感受最为重要。

▶ 正因为是理想状态，所以才要奋起直追

阿德勒心理学是追求理想状态的心理学，共同体感觉是阿德勒心理学的最终目标。前文所述精神健康六大标准也是理想状态。

实际上，没有人能满足阿德勒心理学所提出的精神健康的六大标准，阿德勒心理学所提出的理想状态终究只是理想，与现实有较大的差距，所有的个体都有弱项和缺点。

但是，也正因为我们明确了理想状态的模样，我们才有了明确的目标并为之努力。若我们没有明确的方向，只会以迷失自我而告终。当理想之光照亮黑暗，我们便有了继续前进的方向与动力。

上述我们屡次将勇气定义为克服困难的力量，在此丰富

下勇气的内容：接受不完美的能力也是勇气的一种体现。

正视不完美的自己，无须自我责备，学会接受自己。坚信个体可以通过自身的力量打造属于自己的未来，并永不停止追求理想的脚步，不断努力向前。只要我们朝着正确的方向前进，我们就能让自己成为理想中的自己。

正是因为如今的不完美，个体才拥有了追求完美的动力。因此，我们无须责备如今这个不完美的自己，学会接受自己才是关键所在。

追求精神上的健康，不断为之付出努力。

第五章 追求共同体感觉的终极目标,收获幸福人生

追求精神上的健康

精神健康
1. 自我接纳
2. 归属感
3. 信任感
4. 贡献感
5. 责任感
6. 勇气

自身的主观评价

- 即便受伤了,也能保持精神处于健康状态
- 因为受伤了,导致精神萎靡
- 即便受到上天的眷顾,但精神仍处于不佳状态

为了理想……

无法百分百实现理想状态

因此

不断努力实现理想

理想　朝着光的方向不断迈进

专栏 5

宠物和外星人是否也拥有共同体感觉？

正如本书第40页所提到的，阿德勒心理学并非以阿德勒自身的言论为基础形成的，实际上对于"共同体感觉"的解释，阿德勒自身所阐述的内容和现代阿德勒心理学上的解释也不尽相同。

阿德勒在《人类认知心理学》一书中指出：从过去到现在，一切生物、非生物以及宇宙万物都拥有共同体感觉。

为了地球的未来而保护环境的行为是共同体感觉的体现，这是较为容易理解的。但是，若说培养遥远宇宙中的外星人，甚至是宠物和植物的共同体感觉，很多人可能会觉得难以置信。

阿德勒的弟子鲁道夫·德瑞克斯认为，只有人类对于由人类构成的共同体的归属感与贡献感才是共同体感觉。他缩小了共同体感觉的范围。

阿德勒与德瑞克斯对于共同体感觉的定义没有正误之分，只能说阿德勒支持广义概念，而德瑞克斯支持狭义概念。

当然，也存在对非生物产生共同体感觉的人类个体，根据所信奉的宗教的不同，甚至个体会对宇宙拥有共同体感觉。

总而言之，个体对于共同体感觉的认知各有不同，只要选择自己感到安心的共同体，并为之奉献自身的力量即可。

阿德勒心理学　练习❺

问题 1　共同体的形成具备以下哪个特征？

A　心情舒畅

B　带有目的性

问题 2　衡量精神健康程度的标准是 ___？

A　自身的不安情绪

B　共同体感觉

答案：问题 1 A　问题 2 B　（第 148 页）（第 152 页）

第五章 追求共同体感觉的终极目标，收获幸福人生

问题 3 为了使自己的人生充实，我们需要如何做？

A 坚持贡献

B 保持怨恨

问题 4 为了构建良好的人际关系，我们需要如何做？

A 等待对方信任自己

B 主动信任对方

答案
问题 3 A 问题 4 B
（第 156 页）（第 160 页）

问题 5 何谓自我接受？

A 全盘接受自己，包括缺点和优点

B 只看到自身的优点

问题 6 何谓共同体感觉？

A 即刻就可付诸实践的基础

B 不断追求的理想状态

答案：问题 5 A　问题 6 B
（第 164 页）（第 168 页）

第六章 06

将阿德勒心理学运用于日常生活中

阿德勒心理学若不被应用于实践，
将失去其存在的意义

将阿德勒心理学运用于日常生活中

▶ 阿德勒心理学将为我们指明前进的道路

前文反复提到,阿德勒心理学着重强调个体拥有共同体感觉的重要性。为了拥有共同体感觉,个体必须努力克服生活中的各种课题。当然,在克服生活课题的过程中,个体会遇到各种困难。阿德勒心理学将个体克服困难的力量称为勇气,将赋予个体能量的行为称为激发勇气,可以说激发勇气是个体迈向幸福的第一步。这也是阿德勒心理学被称为勇气心理学的原因。

阿德勒心理学是一门仅学习理论知识就十分具有价值的学科,学习阿德勒心理学是个体重新审视自身对于人际关系和个人情感的认知的绝好契机。

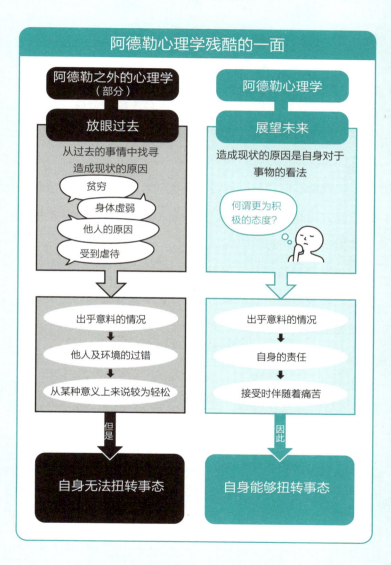

▶ 学习勇气心理学,展望美好未来

阿德勒心理学也有其残酷的一面。比如阿德勒心理学中的"自我决定性"概念,指的就是个体不能将造成自身言语习惯和行为习惯的责任归咎于生长环境和周围的人际关系等外在因素。

阿德勒心理学告诉我们,只有个体自身才能够缔造现在的自己,因此不要将原因归咎在他人身上,个体自身要接受并承担造成现状的责任。

将原因归咎于他人及环境等外在因素,就可以逃避责任,个体会觉得轻松。但是,若我们不舍弃这样的想法,我们就无法改变自己。只有我们接受了是个体自身缔造了现在的自己这一事实,勇于承担责任,我们才能放眼未来,进而改变自己。

对于阿德勒心理学,除了要深入学习之外,还要付诸实践,否则阿德勒心理学将失去其存在的意义。第六章归纳、总结了将阿德勒心理学运用于日常生活中的启发,让我们将已学的阿德勒心理学知识运用于日常生活之中。

第六章　将阿德勒心理学运用于日常生活中

对阿德勒心理学理解 + 实践尤为重要

学习正确的知识

茅塞顿开，倍受启发

＋

在日常生活中付诸实践

充满了力量

＝

美好的未来

拥有共同体感觉

01 | 愤怒是二级情绪
学会与愤怒及焦躁和平相处

重点 ❶ 个体可以控制愤怒的情绪

重点 ❷ 愤怒背后的一级情绪

▶ 个体可以控制愤怒的情绪

部分人认为愤怒是突发性情绪，因此无法控制。但是，阿德勒心理学否定了上述观点，提出了"愤怒是可控的情绪"的观点。

比如，当遇到被朋友在背后说坏话的情况，肯定会感到很受伤。当你正因此情绪濒临爆发时，公司的重要客户打来了电话，你依旧可以若无其事地跟对方打招呼。

当我们觉得愤怒的情绪无法控制时，下一秒客户打来的一通电话就能瞬间将它收住。若无法控制自身的情绪，我们也许会把不良情绪发泄在客户身上。

为何我们能做到不把不良情绪发泄在客户身上呢？这是因为个体会根据所处对象的不同，而选择释放或收紧愤怒的情绪。换言之，愤怒也有其目的。

▶ 关注愤怒背后隐藏的情绪

实际上，有另外一层情绪隐藏于愤怒的情绪之后，愤怒只是二级情绪，个体感到愤怒实际上有一层真实感受的存在。只有当我们注意到隐藏在愤怒背后的情绪，才能和他人畅通无阻地交流。

让我们回到被朋友在背后说坏话的话题，个体感到愤怒的实际原因是对朋友的失望。正由于个体对朋友绝对信任，认为绝对不会发生朋友在背后说自己坏话的情况，而事实辜负了个体的期望，对朋友的失望便衍生出了愤怒这个二级情绪。

当我们觉得无法控制自身的愤怒情绪时，需要客观看待隐藏在愤怒背后的真实情绪，只有当我们注意到了自己的一级情绪,才能通过以"我"为主语的句式传达出自身的想法。比如,"当得知你在背后说我坏话我感到很震惊,今后若能当面向我提出我会很高兴。"比起将愤怒的情绪发泄在他人身上,上述的表达方式更为有效。

发觉隐藏在愤怒情绪之后的真实情绪。

愤怒是二级情绪

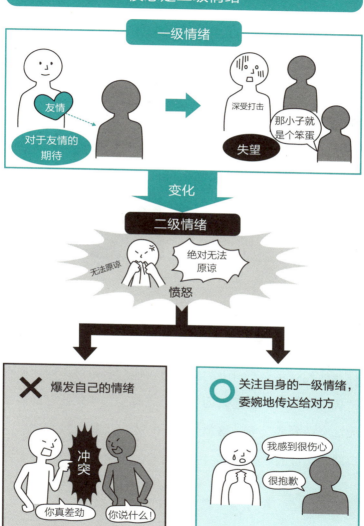

02 | 认知重建
对自身感到失望时的应对方式

重点 ❶ 过分否定自己会产生负面情绪

重点 ❷ 将缺点转换成优点

▶ 为何个体会变得消极?

部分个体十分消极,认为自身毫无优点和可取之处。当你让他们列举自己身上的缺点时,他们会滔滔不绝地说出"优柔寡断""缺乏耐力""意志薄弱""做任何事情都无法坚持到底"等。这部分个体认为自己身上只有缺点,自然会变得消极。

▶ 认知重建

如何让消极的个体变得积极呢？阿德勒为上述课题提出了以下解决方案：比起拥有什么，如何利用所拥有的东西更为重要。

每个个体都拥有各种各样的特点，若我们将自己的特点视为缺点，自然会变得消极。但是，当我们尝试从乐观的一面看待自身的特点，自然会变得积极。换言之，将自己身上的缺点当成自己的优点。

比如，可以将"优柔寡断"说成"不轻易下结论"，将"缺乏耐力"说成"容易做出改变"，将"无法坚持到底"说成"好奇心旺盛"，将"固执"说成"信念强大"等。

以上重新审视自身缺点的方式，我们称为认知重建。通过认知重建的方式，我们可以将个体身上的缺点和绝境转变为优点和契机。换言之，个体遇到的状况究竟是积极的还是消极的，是由自身的想法决定的。

若我们通过认知重建的方式更多地发现了自身的优点，就能充分激发自己的勇气。

认知重建的方式同样适用于对他人的认知。若我们将他人的特点视为缺点,并只关注他人的缺点,就会对他人产生负面偏见。而当我们将他人身上貌似缺点的特点看作优点,就能改变对他人的印象,也能起到有效改善人际关系的作用。看待问题的方式不同,将带来不同的结果。我们学会了发现他人与身边事物的优点,就掌握了将他人的缺点视为优点、将绝境转变成契机的思考方式。

转变思考方式,将缺点变为优点。

第六章 将阿德勒心理学运用于日常生活中

通过认知重建的方式将缺点转变成优点

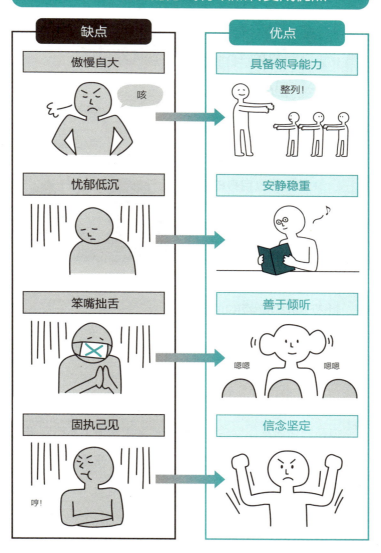

他人与自己

03 因网络社交而烦恼时的应对方式

重点 ① 我们无法限制他人的言论

重点 ② 关注通过自身的力量可以改变的事物

▶ 社交网络疲劳的原因

社交网络能够帮助我们与朋友轻松地交流,它似乎已经成为生活中必不可缺的部分。许多人感受到了社交网络带来的便捷,比如重新和久未联络的朋友建立联系。

但是,随着社交网络的普及,许多人患上了社交网络疲劳症。社交网络为人与人之间的交流提供了便捷的平台,但如果社交网络给人的精神生活带来了不利影响,那说明我们的使用方式不正确。

为何人们会因社交网络而感到疲惫呢？正是因为我们过于在乎社交网络平台上他人的评价，在意他人会如何评价自己发布在社交平台上的内容，认为自己必须给他人写好评，嫉妒他人和朋友及恋人相处的美好状态等。正是因为我们过于在意社交网络上他人对自己的看法，并将自己与他人进行比较，因此才会感到疲惫。

▶ 自我课题与他人课题

正确使用社交网络的关键是学会"课题分离"，也就是将自己的课题和他人的课题分开思考。

在社交网络上发表怎样的言论是自己的课题，只要遵守基本社交礼仪，不轻易中伤他人或传播负面能量即可。至于他人如何看待你所发表的内容，这就属于他人的课题，超出了你所能控制的范围。无论你发表怎样的言论，总有人感到不快，也总有人会给予好评，而他人的评价我们无法控制。

对于他人发表的言论也一样，即使希望对方按照你的想法发表言论，我们也无法控制他人在社交网络上发表的内容。

虽然我们无法控制他人的言论,但我们可以选择不使用社交网络平台,也可以选择对自己发表的内容设置仅亲友可见的状态。

他人与自己的生活方式各不相同,若我们羡慕交友广泛的人,就重新审视自己的交友观;若享受自己独处的时光,就不用嫉妒花时间与朋友相处的人;若你也想与朋友欢快地相处,那就努力结交更多的朋友。

他人是他人,自身是自身,切勿将自身与他人做比较,这样只会徒增烦恼。

第六章 将阿德勒心理学运用于日常生活中

学会与社交网络友好相处

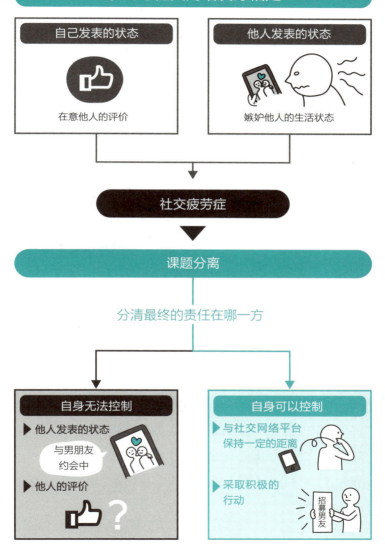

04 共感和同情之间的区别
因交谈造成感情破裂而烦恼时的应对方式

重点 ❶ 同情将恶化双方之间的关系

重点 ❷ 站在他人的立场上思考问题

▶ 为何同情他人却导致双方感情破裂？

一向要好的朋友因受家暴困扰、遭遇变故或遭到不公待遇而向你倾诉时，你是否会立刻表示同情？我们自认为表示同情是作为朋友的职责，但表示同情会让朋友产生依赖感，有可能恶化你们之间的关系。同情源于怜悯，你们之间的关系就出现了支配与被支配的现象。被支配的一方就会开始依赖抛出同情"橄榄枝"的一方，而支配方也会产生被依赖的成就感。

一旦以上情况持续发展，双方之间就会形成不健全的依赖的关系。一旦无法修复双方之间的关系，最终可能会导致感情破裂的后果。

为了防止以上事态的发生，在朋友倾诉时，我们要用共感代替同情。

▶ 共感和同情之间的区别

共感与同情有以下四点区别：

❶ 关系不同

共感是基于双方立场平等的基础上萌发的情感，只有双方相互尊重、相互信任才能产生。而同情是以自上而下的高姿态关心他人，双方之间属于支配与依赖的关系。

❷ 关注点不同

共感所关注的是对方，阿德勒将"站在对方的立场上思考问题"称为共感，即站在对方的视角看待问题，通过对方的耳朵去倾听，用对方的内心去感知。同情关注的重点在自身，并未站在他人的立场上，于是沉迷于怜悯对方的成就感之中。

❸ 情感不同

共感情绪的产生基于双方之间相互信任的关系，即便对方想要依赖自己，也能控制住怜悯的情感。而同情由怜悯衍生而来，由于享受怜悯对方的优越感，而无法控制自己的情感。

❹ 距离不同

共感可以拉近双方之间心灵的距离，而同情看似双方之间关系牢固，实际上二者之间呈上下分布的关系。

共感最重要的就是站在对方的立场上思考问题，并不沉迷于怜悯对方的成就感中，我们需要通过共感的方式推动人际关系的正向发展。

站在对方的视角看待问题，通过对方的耳朵去倾听，用对方的内心去感知。

共感和同情之间的区别

| 共感 同情 |

	共感		同情
关系	相互尊重、相互信任的关系 		支配与被支配的关系 
关注点	对方 		自己
情感	始于信任，可控  畅通无阻		始于怜悯，不可控  颠簸翻车
距离	近 		远 

05 | 尊重
出现"不投缘"个体时的应对方式

重点 ❶ 总有一部分人与自己不投缘

重点 ❷ 与不投缘的个体保持适当的距离

▶ 总有一部分人与自己不投缘

当我们进入社会时,可以选择就职怎样的企业,但我们无法选择工作岗位与共事的同事。学校的情况也一样,我们可以选择就读哪所学校,但无法选择班级、老师与共读的同学。

虽然我们无法选择,但是我们还是会因为这部分人的存在而感到焦虑,也会烦恼究竟该如何与这些个体相处。长而久之,甚至会对这些个体产生不满的情绪,认为对方若不存在，一切都会好转。

但是即便转学或跳槽，我们也无法避免这部分人的存在。阿德勒认为共同体中人群的分布遵循2∶6∶2原则，即每个共同体都存在20%比较合得来的人、60%的普通人和20%无论如何都合不来的人。每个共同体中都有20%的人与自己不投缘，这点所有人都一样，那些看似能与所有人友好共处的个体，实际上也会因人际关系而烦恼。

当我们因不投缘的个体而感到烦恼时，首先要认清人群分布原则这个事实。无论身处何处，无论哪个个体，都会遇到无法相处的人。一旦接受了这个事实，我们就能轻松愉快地应对。

▶ 如何与不投缘的个体相处？

首先，我们需要认清人群分布原则，认识到无论如何努力，都无法实现这部分个体在我们身边不存在。

阿德勒心理学并未提倡将不投缘的个体变成自己喜欢的个体，而是为我们指出了与这部分个体相处的方式——共同体感觉。只要我们拥有共同体感觉，就能认识到对方与自己同为共同体做出贡献的共同体成员,值得尊重。

我们无法做到用笑脸应对他人的厌恶,但是若我们也采用厌恶的态度,将会恶化双方之间的关系。

为了保持心态平稳,为了共同体而友好相处,我们需要对所有的个体表现出尊重。当然,我们也可以选择在严格遵守基本礼节的基础上,与这部分人保持一定的距离,防止双方关系恶化。

> 不管在哪个共同体内,都存在无法相处的人,要怀抱共同体感觉与之共处。

第六章 将阿德勒心理学运用于日常生活中

总有一部分人与自己不投缘

人群分布原则

2 : 6 : 2

可以友好相处的人

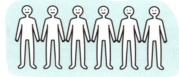

普通人

无法相处的人

如何与不投缘的个体相处？

谨记共同体感觉

积极与对方相处

你看了昨天的电视了吗？

无法友好相处之人

也许能达到改善关系的效果

在遵守基本礼节的基础上，保持适当距离

早上好！

无法友好相处之人

适当的割舍也尤为重要

情感课题

06 | 因恋爱无能而烦恼时的应对方式

重点 ❶ 情感课题是个体成长的契机

重点 ❷ 个体无法做到被所有人喜爱

▶ 勇敢面对情感课题,追求自我成长

近年来,年轻人"告别恋爱"的现象越发显著。实际上,2015年发表的《日本出生动向基本调查》数据显示,日本所有未婚者中暂无交往对象的比例居高不下,其中男性接近70%,达到了69.8%;女性则接近60%,达到了59.1%。

由于惧怕恋爱带来的伤害而选择不恋爱,也许是上述现象产生的原因之一。如今,热衷于享受独处时光的人越来越多。

但是，人生中总会涉及情感问题，阿德勒心理学将情感课题列为人生三大课题之一。学会正视情感问题，将收获实现自我成长的重要机会。由于害怕受伤而选择逃避情感课题，只会错失自我成长的机会。

▶ 是否喜欢自己属于他人课题

许多人虽然中意某个人，但是心里十分惧怕自己因被拒绝而受伤。这是因为个体希望自己被所有人喜爱，但是当我们想起人群分布原则，就会发现对方不喜欢自己也是无可奈何的事情。

我们能够理解被喜欢的人拒绝是十分受伤的事情，但是从课题分离的角度出发，我们无法控制对方的情感，对方是否喜欢我们是对方的课题，我们能做的是向对方传达自己的爱意，即便惨遭拒绝，也要将这次告白视为自我成长的机会。我们的告白也许会遭受拒绝，但即便被拒绝也不代表他人否定我们的所有。

历史上不存在受所有人喜爱的个体，个体无法做到受所有人欢迎。从另一个方面来说，也不存在遭受所有人厌恶的个体，也就是说，你不可能没有人喜欢。

当我们害怕遭受他人的拒绝，就会停滞不前。我们要意识到遭受拒绝是不受自身所控制的事情，我们总会遇到与自己投缘的另一半。

当然，即便在顺利交往或结婚后也会遇到许多问题，在我们战胜人生中一个又一个的难题之后，便能实现自我的进一步成长。

不要害怕遭受拒绝，勇敢直面情感课题。

第六章 将阿德勒心理学运用于日常生活中

恋爱中的课题分离实例

自我课题

经历喜欢一个人的感觉
向对方传达自己的爱意

将失恋视为自我
成长的机会

他人课题

他人喜欢上自己

他人不喜欢自己

乐观主义

07 因"职场抱怨"而烦恼时的应对方式

重点 ❶ "职场抱怨"会影响工作积极性

重点 ❷ 尝试反向抱怨的方式

▶ 抱怨将影响积极性

在日常工作中,我们经常会听到抱怨,比如为何自己必须这么做,比如过于忙碌以致身心俱疲,再如是他人的指令造成如今的局面等,大部分的个体应该都经历过这样的"职场抱怨"吧。日复一日的忙碌工作很容易导致个体有所抱怨,但若职场中怨声载道,将影响员工的工作积极性,甚至部分个体会因"职场抱怨"而产生悲观情绪,进而影响自己的心情。

当我们身陷被抱怨声所包围的职场环境时，需要保持乐观积极的心态。19世纪至20世纪活跃于哲学界的法国哲学家阿兰曾在其著作《论幸福》一书中提到：悲观主义者被心情所左右，乐观主义者靠意志来救赎。

许多人应该都有过心情被天气影响的经历吧，由于天气突然阴沉，整个人都变得闷闷不乐。但是即便天气或职场的氛围改变，我们也需要保持积极乐观的心态，努力过好每一天。我们需谨记所有的结局都是由个体自身决定的。

▶ 选择性忽视"职场抱怨"

时常抱怨不满的个体，肯定希望有可倾诉的对象。当我们选择忽视他人的抱怨，也许可以避免他人继续向你抱怨的情况出现。个体可以选择是否忽视"职场抱怨"，若我们将他人的抱怨当成蝉声一样的自然之声，也许会感到些许的轻松愉快。

但是，领导团队的管理者却无法选择视而不见。当管理者听到职场抱怨时，绝对不能意气用事，而要冷静且具体地向抱怨者传达自己的要求，比如，"你的工作能力确实可圈可点，但是连续四天你都抱怨同一件事，已经有五名员工反馈你的抱怨影响到了他们的工作积极性，请注意改正。"

当管理者通过具体的数字和他人的反馈向抱怨者发出提醒时，下属也会意识到问题所在，也许会注意自己的言论和发表言论的场合。不要只是提醒对方，若能在提醒的时候提出对方的可取之处，将达到事半功倍的效果。

悲观主义者被心情所左右，乐观主义者靠意志来救赎。

如何与经常抱怨的个体相处

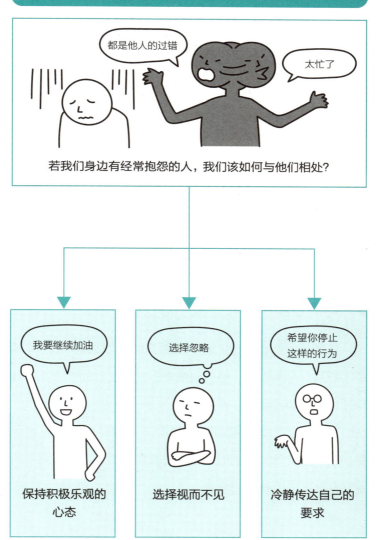

自然结果和逻辑结果

08 因不自觉过度管教孩子而烦恼时的应对方式

重点 ❶ 切勿过度保护或过度干涉

重点 ❷ 让孩子在体验中成长

▶ 何谓过度保护和过度干涉

许多父母总会不自觉地干涉孩子的言论和行为,一旦孩子不听从自己的管教,便感到愤怒。这些父母的行为也许就与过度保护和过度干涉有关。

那么,过度保护和过度干涉究竟为何意?所谓过度保护,指的是父母为孩子提供过度的帮助,而过度干涉则指的是父母过度插手孩子的事情。

▶ 体验才是孩子成长最好的老师

孩子可以从亲身体验的事情中学到许多实现自我成长的知识，阿德勒心理学也提出"体验是孩子最好的老师"这一观点，并倡导家长借鉴"自然结果"和"逻辑结果"两种教育方式。

❶ 自然结果

父母不干预，让后果自然发生，让孩子体验这个自然发生的过程。比如，对于不写作业的孩子，不要加以斥责，当孩子在学校因没有完成作业而受到批评时，自然会学会反省。再如，不要强迫挑食的孩子吃饭，当他体验到了饿肚子的滋味，便自然而然学会了珍惜粮食。

❷ 逻辑结果

所谓逻辑结果，指的是家长提前针对孩子的行为制定规则，然后让孩子自己承担行为的后果。当孩子表达出想要学习钢琴或棒球的愿望时，家长提出"坚持每天练习15分钟"作为学习钢琴或棒球的前提条件。一旦孩子不遵守坚持练习的规则时，家长就可以让孩子在继续练习和停止练习之间做出决定。若孩子真心对钢琴或棒球感兴趣，他就会选择继续练习。

以上两种教育方式不适用于以下情况：❶ 当预判会给孩子造成重大伤害和损失时；❷ 当孩子还未发育到可以从体验中学习的程度时；❸ 当亲子关系急剧恶化时。

比如，当父母预判孩子可能会因此出现交通事故时，绝对不能让孩子从事故中学习经验；比如，当幼小的婴儿尚不明白舔硬币可能会因为细菌感染造成肚子疼时，绝不能放任孩子将硬币放入嘴中的行为；再如，当亲子关系尚未十分牢固时，不要放任孩子，这种行为也许会让孩子错认为父母对自己缺乏关心，不重视自己。

只有在父母与孩子已经建立了相互尊重、相互信任的关系时，才能采用"让孩子在体验中成长"的教育方式。

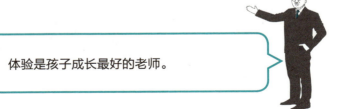

体验是孩子成长最好的老师。

第六章 将阿德勒心理学运用于日常生活中

避免过度保护与过度干涉的教育方式，让孩子在体验中成长

过度保护
父母为孩子提供过度的帮助

过度干涉
父母过度插手孩子的事情

让孩子在体验中成长

自然结果

学会反省

逻辑结果

遵守约定

专栏 6

阿德勒并非博士?

在翻阅讲述阿德勒的相关书籍时,经常会看到"阿德勒博士"这一称呼。但是,从严格意义上来说,阿德勒并非医学博士,阿德勒终其一生并未获得博士学位。

阿德勒就读于维也纳大学,于1895年25岁之时获得医学学士学位,也就是医师资格。虽然阿德勒的论文受到了认可,但其并未获得博士学位。而许多著作之所以会采用"阿德勒博士"的称号,也许是因为将英文的"Dr.Adler"翻译成了"阿德勒博士"的缘故吧。但是,英语中"Dr."这一前缀有时并非指"博士",而是"医师"的意思,因此"阿德勒博士"的称号属于误译。若要在阿德勒的名字之后加上职务,我们可以称之为"阿德勒医生",但若是作为心理学家的称呼,直接称为"阿德勒"即可。

阿德勒研究心理学的原因是什么？

最初，阿德勒并非心理学研究者，而是专注于眼科研究事业的医生，后来也研究过内科及精神科。那么，阿德勒开始研究心理学的契机是什么呢？

其实，在阿德勒最早的著作《器官缺陷及心理补偿研究》一书中隐藏着这一问题的答案。在阿德勒作为眼科医生活跃于医学界之时，曾为许多看不见的患者诊治。虽然这些患者的视力存在缺陷，但是听力和触觉却比一般人敏感。而且，这些患者以视力缺陷为动力，付出比常人更大的努力来补偿心理的创伤。

在为这些患者医治的过程中，阿德勒对心理学产生了浓厚的兴趣，于是开始从事心理学研究。

阿德勒心理学 练习 ❻

问题 1 如何活用阿德勒心理学理论?

A 努力研究理论内容

B 将理论付诸实践

问题 2 如何处理愤怒的情绪?

A 使之消失

B 深入挖掘愤怒背后的一级情绪

答案:问题 1 B(第 178 页) 问题 2 B(第 182 页)

第六章　将阿德勒心理学运用于日常生活中

| 问题 3 | 如何让个体接受自己？ |

A 假装看不到自身的缺点

B 将缺点转换成优点

| 问题 4 | 如何正确使用社交网络？ |

A 将自我课题和他人课题进行分离

B 受他人发表的内容所影响

答案

问题 3　B　问题 4　A
（第186页）（第190页）

问题 5　同情将带来怎样的后果?

A 关系朝着良好的方向发展

B 关系恶化

问题 6　如何与不投缘的人相处?

A 希望对方不存在

B 接受对方存在的事实

答案

问题 5　B　问题 6　B
（第 194 页）（第 198 页）

结　语

将阿德勒心理学付诸实践

我是本书的审定人岩井俊宪,首先感谢各位读者认真阅读这本永藤薰老师呕心沥血的著作。

最近,书店中陈列了许多以阿德勒为研究对象的著作,对于从事了30多年阿德勒心理学推广工作的我来说,阿德勒心理学能够闻名于世实在是可喜可贺之事。但同时,部分著作中曲解阿德勒心理学真谛的说法也让我感到很遗憾。

并非自我吹嘘,我认为自己是日本阿德勒心理学研究的先行者。1983年,当我初次接触阿德勒心理学时便深铭肺腑,希望自己有朝一日能成为阿德勒心理学的传播者,因此1985年4月我创立了心理咨询机构——Human Guild有限公司。

之后,Human Guild陆续为17万名以上的读者提供了进修渠道和演讲课堂,为阿德勒心理学在日本的普及做出了重要贡献。

我公司所传播的阿德勒心理学具有一体化的特点，且独具包容性。在阿德勒心理学的发源地美国，学者之间自发形成了三个阿德勒心理学研究派系，即"芝加哥学派""纽约学派"和"旧金山学派"。世上只有约瑟夫教授通读了以上三个学派的理论，约瑟夫是Human Guild的高级顾问，同时也是我的恩师。因此，我们所宣导的阿德勒心理学理论是集大成之后的成果。

我们所宣导的阿德勒心理学理论的另外一个特点是，进修课程和演讲给读者带来了深远的影响。我公司的进修课程与研究绝不是停留于基础理论知识，而是旨在改变读者的意识，并指导读者将理论知识运用于日常生活中。

即便通读阿德勒心理学研究，体验过阿德勒心理学带来的震撼，若不将之付诸实践，那么理论也将失去意义。言行一致是最为重要的。

从今日起，希望各位读者也有意识地将阿德勒心理学运用在日常生活中，比如当遇到需要提醒他人的情况时，也要运用能够激发他人勇气的方式。

当然，在实践之初，也可能出现即便想将阿德勒心理学付诸实践但却无法顺利进行的情况,这时我们需要认识到无法顺利进行的原因,并不断加以改善,养成时常回顾自己的行为是否符合阿德勒心理学理论的习惯。

当意识到情绪化地斥责他人也许会挫败他人的勇气时,下次就尝试用"我"开头的句式加以改善。时常回顾自己的行为,若发现可以改善的地方,就运用到下次的实践中。当我们不断重复上述操作,就能顺利地在日常生活中实践阿德勒心理学理论,阿德勒心理学理论知识也将逐渐成为我们内心的一部分,这时我们实践阿德勒心理学理论就犹如抬手抬脚般简单。

最终,我们将逐渐影响身边的个体,成为他人的学习榜样。阿德勒心理学是提倡为他人做贡献的心理学,因此除了自己之外,若各位读者能激发他人的勇气,我将深感欣慰。

在实践阿德勒心理学时,另外一个重点是要坚持贯穿始终。阿德勒心理学并非是只能运用于特定场景的心理学理论,比如某个个体在职场中通过鼓励的方式激发下属的勇气,但是在家中却口出恶语,挫败子女和伴侣的勇气,我们只能说他并未掌握阿德勒心理学的精髓。每个人的人生都存在"职场""家庭"和"个人生活"等多个场景,我们需要坚持在每个场景都践行阿德勒心理学的理论知识。

如果您觉得凭借自身的力量无法顺利践行阿德勒心理学理论,那么欢迎参加Human Guild的讲座,也许您将在学习阿德勒心理学的同时收获多位人生挚友。

本书最大限度提炼了阿德勒心理学的精华部分,并以简明易懂、易于实践的形式表现出来,也是Human Guild所有活动的集成本。

希望更多的读者能够在日常生活中实践阿德勒心理学理论,从此踏上幸福的人生道路。

Human Guild 岩井俊宪